칼 비테의 행복한 천재 교육법

칼 비테의
행복한 천재 교육법

평범한 아이는 어떻게 행복한 천재로 바뀌었는가?

임성훈 지음

BOOK
AGIT

불행한 영재가 아닌 행복한 천재로 키워라

좋은 부모가 된다는 것은 쉬운 일이 아니다

아이와의 첫 만남만큼 가슴 설레는 일이 있을까? 부모라면 누구나 아이가 세상에 나와 첫울음을 터뜨리던 그 순간을 잊지 못할 것이다. 나 또한 아이가 태어났을 때 작지만 따뜻한 생명을 품에 안으며 꼭 좋은 부모가 되겠다고 다짐했다.

부모는 아이에게 무엇이든 해 주고 싶다. 내가 희생하더라도 아이에게만큼은 행복이 가득한 삶이 펼쳐지기를 바란다. 그리고 타고난 재능을 펼치면서 살아가기를 원한다. 그리고 이왕이면 우리 아이가 남들보다 좀 더 뛰어난 능력을 발휘하기를 바란다.

아이의 잠재력을 깨우기 위해서는 어떻게 해야 할까? 아이를 어릴 때부터, 아니 임신한 그 순간부터 잘 관리하고 교육해야 한다. 두뇌와 오감이 발달하는 시기를 놓치지 말고 적절한 자극을 해주어야 하는 것이다. 글을 익힌 후에는 인문고전처럼 좋은 책을 읽게 해서 세상과 나에 대한 이해를 넓힐 수 있게 해 주면 더할 나위 없다.

대부분의 부모는 아이의 두뇌 발달을 위해 일찍 교육을 시작하면 좋다는 것을 알고 있다. 하지만 현실은 그리 만만하지 않다. 부모는 너무 바쁘다. 교육에 신경을 쓸 겨를이 없는 경우가 많다.

일반적으로 부모가 아이를 키우는 시기는 사회생활을 하면서 가장 바쁜 때다. 정신적, 시간적인 여유가 별로 없다. 특히 맞벌이인 경우는 더 심하다. 할머니, 할아버지에게 아이를 맡기고 왠지 모를 죄책감을 느끼기도 한다.

자녀 교육을 하려고 마음먹는다 하더라도, 어디서부터 어떻게 시작해야 할지 막막하다. 서점이나 도서관의 자녀 교육 코너를 가보면 관련 서적이 책장에 가득하다. 너무 많아서 읽어볼 엄두조차 나지 않는다.

나는 아이 교육에 신경을 많이 쓰려고 노력해 왔다. 아이들에게 다양한 기회를 주고 싶었다. 최소한 다른 부모를 만났더라면 깨어날 수 있었던 잠재력을 죽이는 일만은 없길 바랐다. 두뇌 계발에 좋다는 책, 교구 등에 돈을 아끼지 않았고 자녀 교육서도 많이 읽었다. 하지만 무언가 부족한 느낌이 있었다. 스스로 교육에 대한 명확한 철학이 없었다.

행복한 천재를 만드는 칼 비테 교육

나는 자녀 교육 관련 서적을 읽으면서 칼 비테라는 인물을 알게 되었다. 처음에는 그가 보통 이하의 지능을 가진 아들을 천재로 키워 낸 점이 상당히 흥미로웠다. 하지만 그에 대해 더 알아 갈수록 교육 철학이 아주 합리적이라는 생각이 들었고, 가슴에 와닿았다.

칼 비테는 교육의 목적을 아이의 행복에 초점을 맞추었다. 그에게 자식은 소유물이 아니었다. 자기 대신에 자아실현을 해 주는 존재도 아니었다. 그는 아이가 세상에 도움이 되는 훌륭한 '사람'이 되기를 바랐다. 그리고 후천적인 교육으로 천재를 만들 수 있다는 신념으로 아이를 교육했다. 그 결과 그의 아들은 행복한 천재로 자라날 수 있었다.

칼 비테의 행복한 천재를 만드는 교육의 핵심은 세 가지다.

첫째, 호기심을 자극해서 스스로 공부하게 한다.

둘째, 사랑받는 '사람'이 되도록 인성 교육에 힘쓴다.

셋째, 누구보다 건강한 아이가 되게 한다.

쉽고 단순해 보일 수도 있다. 하지만, 실제로 칼 비테처럼 실천하려고 하면 쉽지 않은 일이다. 나는 이 책에서 칼 비테가 아들에게 한 좋은 교육 방법을 내가 아이들에게 적용한 사례와 함께 되도록 상세하게 소개했다. 하지만 독자들이 성급하게 방법만 흉내 내서 아이에게 적용하지는 않길 바란다.

중요한 것은 칼 비테가 어떤 '방법'으로 교육했느냐가 아니라 어떤 '철학'을 바탕으로 일관성을 유지했는가 하는 것이다. 부모가 확고한 철학이 없으면 몇 가지 방법을 시도해 보다가 별다른 성과가 없으면 이내 포기해 버리고 만다.

나도 처음에는 그랬다. 특히 인문고전을 아이에게 읽히는 것은 정말 힘들었다. 칼 비테처럼 뛰어난 사람이나 할 수 있는 일이라 생각하고 그만두고 싶을 때도 많았다. 하지만 마음을 다잡고 꾸준히 아이의 호기심을 자극했다. 그 결과 첫째 아이는 8살 때부터 동화책 말고도 종종 인문고전을 읽어달라고 하거나 스스로 읽었다.

학원 뺑뺑이를 돌리면 공부 잘하는 영재를 만들 수는 있다. 하지만 호기심이나 흥미 없이 하는 공부는 어느 시점에 벽에 부딪힌다. 그리고 인성과 건강이 뒷받침되지 않으면 아이가 행복할 수도 없다. 불행한 영재가 되는 교육이다.

천재는 자신만의 뛰어난 잠재력을 최대한으로 끌어올려 세상에 도움이 되는 사람이다. 내 아이의 흥미나 재능은 부모가 가장 잘 알 수 있다. 부모가 아이의 재능을 발견하고 끌어올려 줄 수 있다면, 아이를 행복한 천재로 키울 수 있다. 그러려면 부모가 먼저 변해야 한다. 이 책이 그 변화에 작은 도움이 되었으면 하는 바람이다.

각 장의 구성과 특징은 다음과 같다.

1장 : 행복한 천재 vs 불행한 영재

아무리 뛰어난 두뇌를 가졌다고 하더라도 행복하지 않은 삶은 공허하다. 입시 위주의 교육에서 오는 우리 현실에 대한 고민을 풀어 보았다. 그리고 아이를 행복한 천재로 키운 칼 비테의 핵심적인 메시지를 담았다.

2장 : 발달 장애 아이를 천재로 키운 칼 비테의 교육법

칼 비테 교육법을 적용한 사례와 그 방법을 상세하게 소개했다. 당장 아이에게 적용할 방법을 고민하는 독자는 2장부터 먼저 읽어도 무방하다. 여기서 얻은 아이디어를 바탕으로 내 아이에게 맞는 방법을 응용해서 만들어 보자.

3장 : 행복과 두뇌 발달을 모두 잡는 칼 비테의 조기교육

아이들의 천재성을 깨우기 위한 조기교육의 필요성과 칼 비테 조기교육의 핵심을 소개했다. 지능 발달에는 분명히 골든타임이 있다. 조기교육은 남에게 맡기지 말고 부모가 제대로 해야 한다. 실제

부모가 적용해 볼 수 있는 Tip을 활용해 보자.

4장 : 행복한 천재로 만드는 칼 비테의 독서 교육

칼 비테 교육의 중심에는 인문고전 독서가 있다. 아이의 천재성을 깨우기 위해 인문고전 독서는 너무나 중요하다. 하지만 아이에게 섣불리 적용하지 말고 여유를 갖고 많은 준비를 하기 바란다. 먼저 부모부터 추천 고전을 읽을 것을 권한다.

5장 : 행복한 천재는 부모가 만든다

아이는 부모를 그대로 따라간다. 부모가 먼저 아이에게 바라는 그 모습이 되어야 한다. 부모로서 나부터 어떻게 변하는 것이 좋을지 함께 고민해 보자는 마음으로 썼다. 부모라면 내 아이가 언제나 믿고 의지할 수 있는 라이프 코치가 되자.

아레테인문아카데미

임성훈

2장
발달 장애 아이를 천재로 키운
칼 비테의 교육법

3장
행복과 두뇌 발달을 모두 잡는
칼 비테의 조기교육

4장
행복한 천재로 만드는
칼 비테의 독서교육

5장
행복한 천재는 부모가 만든다

1장
행복한 천재 vs 불행한 영재

200여 년 전 독일의 시골 목사 칼 비테는 발달 장애아로 태어난 자신의 아들 칼 비테 주니어를 최고의 천재로 키워 냈다. 그는 아들을 단순히 학습 능력이 뛰어난 영재로 키운 것이 아니라, 누구에게나 사랑받는 온화한 성품과 인성을 갖춘 행복한 사람이 되도록 교육했다.

칼 비테는 어떤 분야든지 아이가 관심을 보이지 않으면 인내심을 갖고 기다렸다. 우선 흥미를 유도해 보고 관심을 보이는 분야를 공부할 수 있도록 도와주었다. 공부는 결국 스스로 하는 것이다. 부모의 역할은 먼저 아이가 재능이 있거나 흥미를 보이는 분야를 파악하는 것이다. 그리고 그 분야에서 잠재력을 이끌어 낼 수 있도록 연구해야 한다.

칼 비테의 위대한 점은 아이가 다방면에 흥미를 갖도록 잘 이끌어 냈다는 것이다. 어려운 문제를 재미있는 놀이로 만드는 비상한 능력이 있었다. 이 능력은 칼 비테의 끊임없는 연구에서 나왔다.

당신의 아이는
얼마나 행복합니까?

"나는 평생 하루도 일을 하지 않았다. 그것은 모두 재미있는 놀이였다."

토마스 A. 에디슨(미국의 발명가)

부모 자식 사이는
공부가 결정한다?

"학교가 끝나면 많은 학원을 갔다 와야 해서 힘들다. 친구의 생일 파티도 가지 못한다."

"(시험 문제를) 하나라도 틀리면 싫어하는 엄마 때문에 대성통곡했다."

"편의점에서 삼각김밥으로 식사하거나 집에 오면 책을 읽어야 밥을 주신다."

"이렇게 많은 사람에게 인정받을 줄 몰랐다."

2018년 2월 26일 KBS 2TV 〈대국민 토크쇼 안녕하세요〉에는 '다들 이렇게 사나요?'라는 주제의 사연이 소개되었다. 위 사례의 주인공은 초등학교 4학년생 여자아이였다.

아이는 오후 3시에 학교를 마치면 학원 투어를 시작한다. 피아노 학원, 국어 학원, 영어 학원, 수학 학원, 논술 학원…. 요일마다 가는 학원이 다르다. 학원 수업을 마치고 나면 집에 와서 책을 5권 정도 읽어야 한다. 너무하지 않은가? 아이에게 이런 혹독한 교육을 시키는 어머니도 함께 출연했다. 어머니의 대답은 많은 사람을 분노하게 했다.

"아이가 똑똑하다. 다 그렇지 않냐."

"(시험을 못 보고 온 아이에게) 자존심이 상해서 더 잘 해오라고 말한다."

"(나는) 공부가 하기 싫어서 대학을 가지 않았다."

어머니 자신도 공부를 하기 싫어서 대학을 가지 않았단다. 그러면서 아이에게는 과도한 짐을 지우고 있다.

아이가 시험을 못 본다고 엄마가 자존심이 상했다고 한다. 아이를 통해 자신이 하지 못한 것을 대신하려고 한다. 아이의 성적이 곧 내 자존심이란다. 조금은 극단적인 사례이긴 하다. 하지만, 대부분 부모는 어느 정도 자기 모습을 보고 있다고 느낄 것이다.

얼마 전 실화를 바탕으로 그린 슬픈 만화를 본 적이 있다. 만화 속 대화를 보자.

아이 : "그림 그리는 게 좋아", "잠자리 잡기도 좋아."

엄마 : "얘, 여기서 뭐 하고 있니?", "지금은 공부해야 할 때란다."

아이 : "네, 엄마.", "그렇지만 역시 방은 답답해. 잠시 나갔다가 와 야겠다."

엄마 : "얘야, 지금은 나가서 놀 때가 아니란다. 그런 건 나중에 해 도 되는 것들이야."

아이 : "엄마, 나 이번에 수학을 100점 맞았어! 이제 됐죠? 나 그림 을 그리고 싶어."

엄마 : "장하구나, 우리 아들. 그렇지만 역시 훌륭한 사람이 되려 면 영어도 공부해야지."

아이 : "엄마, 영어 시험을 100점 맞았어요. 이제 됐죠?"

엄마 : "장하구나, 우리 아들. 그렇지만 역시 훌륭한 사람이 되려 면 경제도 공부해야지."

"다 너를 위한 일이란다."

아이 : "엄마는 언제쯤이면 이제 됐다'라고 하는 거야?"

그림 속 공룡 : "나는 알고 있는데, 엄마를 멈추게 하는 방법... 궁금해? 엄마도 이제 됐다고 하실 거야. 이쪽으로 따라와 봐."

그림 속 공룡 : (아이는 사라지고 없다) "엄마, 이제 됐어?"

위 만화에서 엄마의 모습은 점점 더 무섭게 변해 간다. 형체 없이 검은 덩어리로 변해 밖에 나가려고 하는 아이를 문 앞에서 가로막기도 하고, 심지어 뱀처럼 혀를 날름거리기까지 한다. 아이의 눈에는 그렇게 보일 수도 있겠다는 것을 표현한 것이다.

나는 우연히 이 만화를 보고 한동안 가슴이 먹먹해서 멍하니 앉아 있었다. 만화는 많은 부모의 마음속에 자리 잡고 있는 그릇된 생각을 아프게 집어냈다. 그리고 그것이 어떻게 아이를 망칠 수 있는지 극단적인 상황을 적나라하게 보여주었다. 도대체 공부가 뭐라고 부모 자식 사이를 비정상적으로 만들어 가는 것일까?

행복한 천재를 만드는 칼 비테 교육

200여 년 전 독일의 시골 목사 칼 비테는 발달 장애아로 태어난 자신의 아들 칼 비테 주니어를 최고의 천재로 키워 냈다. 그는 아들을 단순히 학습 능력이 뛰어난 영재로 키운 것이 아니라, 누구에게나 사랑받는 온화한 성품과 인성을 갖춘 행복한 사람이 되도록 교육했다.

　칼 비테의 아내는 임신 9개월째에 발을 헛디디며 넘어져 조산하게 되었다. 불행히도 아이는 탯줄에 목이 감긴 채 태어났다. 태어나자마자 팔다리에 심한 경련을 일으켰고, 숨도 제대로 쉬지 못했다. 젖도 제대로 빨지 못해 엄마가 손으로 짜서 입에 넣어 주었다. 아이가 태어난 해가 1800년인 점을 고려해 보면, 의술이 그렇게 발달하지 않았던 그 시대에 이렇게 태어나서도 죽지 않고 살아난 것 자체가 기적이었다.

　칼 비테의 아들은 목숨은 건졌지만, 발달 장애라는 판정을 받았다. 발달 속도가 느렸지만, 그는 좌절하지 않고 아이의 조기교육에 힘썼다. 그는 아이의 두뇌 발달에 가장 중요한 시기가 태어난 순간부터 5세까지라는 신념을 갖고 있었다.

　칼 비테의 아들은 조기교육을 통해 3세에 모국어인 독일어를 완벽하게 구사했다. 이후 꾸준한 언어 공부를 통해 9세에 라틴어를 비롯한 프랑스어, 이탈리아어 등 6개 국어를 정복했다. 그리고 10세에는 라이프치히 대학교에 입학했다. 13세에는 기센 대학교에서 철학 박사 학위까지 받는다.

　13세에 철학 박사라니! 초등학교 6학년에 박사가 된 것이다. 이

기록은 200년 가까이 유지되고 있다.

　이쯤 되면 칼 비테가 부족한 아이를 천재로 만들기 위해 굉장히 혹독하게 훈련했을 것으로 생각하기 쉽다. 보통 사람들은 20년을 공부해도 영어 하나 제대로 마스터하기 힘든데 9세에 6개 국어를 정복했다니, 얼마나 열심히 교육했겠는가? 언어별로 과외 선생님을 붙이거나 밤을 새워 책을 달달 외우게 하지 않고서는 그런 결과가 나오기 힘들 것이다. 매일매일 수험생처럼 10시간씩은 공부시켰을 것 같지 않은가?

　하지만, 놀랍게도 칼 비테의 아이는 공부 시간보다 노는 시간이 훨씬 많았다. 그리고 또래 아이들 누구보다 건강하게 뛰어다녔다. 무엇보다도 부모의 사랑을 느끼며 행복하게 자랐다.

　뒤에서 차차 언급하겠지만, 많은 천재는 어릴 때 부모의 혹독한 교육 때문에 불행한 삶을 살아간 경우가 많다. 존 스튜어트 밀, 요한 볼프강 폰 괴테, 윌리엄 제임스 사이디스 등이 그 예이다.

　칼 비테는 아이의 행복에 교육의 초점을 맞추었다. 그는 아이를 지성, 감성, 인성, 건강을 모두 갖춘 최고의 인재로 키우려고 노력했다. 이것은 아들의 온전한 행복을 위해서였다. 조기교육을 통해 뛰어난 지식을 가진다고 하더라도 인성이 갖추어지지 않아 사람들의 미움을 받거나, 감성이 메말랐거나, 건강하지 않다면 행복한 삶을 살아가기 힘들 것이다.

우리의 아이는 얼마나 행복할까? 부모라면 아이의 행복을 위해 칼 비테처럼 지성, 감성, 인성, 건강을 모두 갖춘 아이로 키우기 위한 전인적인 교육을 생각해야 한다. 부모의 고민은 '학업성적'만이 아니라 '아이의 행복'이어야 한다는 것이다.

내 아이의 행복을 위해 다음 말을 기억하자.
"내 아이의 성적이 나쁜 건 부모 탓이 아니다. 하지만 행복하지 않은 것은 부모 탓이다."

10개 국어를 하면
행복할까?

"행복해지기 위해 어린아이에게 더 기다리라고 말해선 안 된다.
누구나 지금, 그 자리에서 함께 행복해야 한다."

- 에피쿠로스(그리스의 철학자)

언어 천재가 되면 뭐가 좋을까?

많은 부모는 자신의 아이가 언어 천재가 되기를 바란다. 그도 그럴 것이 예전부터 많은 '천재'들이 어릴 때부터 남다른 언어 습득 능력을 보였다. '몇 살에 이미 몇 개 국어를 했다더라.'라는 것이 마치 천재 여부를 측정하는 척도라고 느껴질 정도다.

칼 비테 주니어는 3세에 모국어를 완벽하게 구사했고, 9세까지 라틴어를 비롯한 프랑스어, 이탈리아어 등 6개 국어를 마스터했다. 존 스튜어트 밀은 3세에 그리스어, 여덟 살에는 라틴어를 배웠다. 괴테는 8세에 라틴어, 그리스어, 프랑스어, 이탈리아어, 영어, 히브리어까지 6개 국어를 자유롭게 구사할 수 있었다.

뒤에 자세히 언급하게 될 윌리엄 제임스 사이디스라는 미국의 천재는 생후 6개월에 처음으로 말을 할 수 있었다. 18개월 때는 '뉴욕타임즈'를 읽고, 네 살에 라틴어로 카이사르의 갈리아 전기를 낭독했다. 이후 8세까지 9개 언어를 익혔다. 성인이 되어서는 40여 개의 언어를 구사할 수 있었다고 전해진다.

이렇게 많은 언어를 구사할 수 있다면 얼마나 좋을까? 다양한 언어에 능통하면 다음과 같은 장점이 있다.

첫째, 언어를 익히면 그 언어를 쓰는 민족의 문화에 대한 이해가 깊어진다.

한 가지 언어를 익힌다는 것은 그 언어를 쓰는 민족의 문화를 받아들일 수 있다는 것이다. 언어 속에는 수천 년 축적된 민족의 역사와 혼이 담겨 있다. 나는 개인적으로 시 읽는 것을 즐기는 편이다. '시인들은 태초에 신이 세상에 뿌려 놓은 보석 같은 언어를 찾아내는 천재'라는 것이 내 생각이다. 나는 특히 아름다운 우리말로 지은 시를 사랑한다. 너무나 아름다울 뿐 아니라, 큰 감동을 주는 시가 많다.

그런데 안타깝게도 대한민국에서는 아직 노벨 문학상을 받은 시인이 없다. 나는 그 이유 중 하나가 우리말의 미묘한 '느낌'을 제대로 번역하기가 쉽지 않아서라고 생각한다.

예를 들어 시 속에서 '숨'과 '숨결'의 느낌은 다르다. '숨'은 생명을 유지하기 위한 단순한 호흡의 느낌이 강하다. 또한 생명력을 상징할 수도 있다. 반면에 '숨결'이라고 하면 어떤가? 생명을 포함한 무생물까지도 느껴지는 어떤 생명의 기운이나 느낌이 전해진다. 이 두 단어를 영어로 번역한다면 어떨까? '숨'이든 '숨결'이든 'Breath'로 차이가 없다.

둘째, 다양한 언어의 습득을 통해 사유의 폭이 넓어진다.

의식이 먼저일까? 언어가 먼저일까? 인간 의식의 결과가 언어로 표현되는 것은 명백한 사실이다. 하지만, 언어가 사고의 테두리를 규정지을 수도 있다. 사람은 자기가 쓰는 말에 지배받는다. 언어가 없으면 그것을 뛰어넘어 생각하는 것 자체가 거의 불가능에 가깝다.

생각하기의 달인이라고 할 수 있는 철학자들은 어떤가? 위대한 철학자들은 자신의 철학을 전개하기 위해 새로운 개념을 만들어 내는 경우가 많다. 그 이유를 생각해 보면 기존의 언어로는 자신이 의도하는 바를 도저히 표현할 수 없기 때문이다. 후학들은 그들이 만든 새로운 개념을 공부하고 이해해야만 그 생각을 뒤쫓아 갈 수 있다.

많은 언어를 습득한다면 여러 문화권에서 형성된 다양한 사고

방식을 이해할 수 있기에 사유의 폭이 넓어진다.

셋째, 다양한 정보를 정확하게 이해하고 접할 기회가 많아진다.

같은 내용의 글이라도 번역한 글을 읽고 이해하는 것과 원문을 그대로 읽고 이해하는 것은 이해의 수준이 다르다. 이해의 정확성에서 차이가 난다.

직장에서 영어에 두려움이 별로 없는 비교적 젊은 직원들과 나이가 좀 있는 직원의 인터넷 활용 능력은 다르다. 모두 그런 것은 아니지만 대체로 연배가 있는 사람들은 네이버에 주로 의존한다. 구글을 쓰더라도 한글로 번역된 글까지만 본다.

반면, 젊은 세대는 최소한 영어까지는 언어의 경계가 거의 없다. 구글 번역기를 돌리는 한이 있더라도 해외 사이트에 직접 접속해 원문을 해석해 낸다. 언어를 많이 안다는 것은 정보를 접하는 기회가 많아질 수 있다는 의미다.

이렇게 보면 한 언어를 온전히 이해한다는 것은 위대한 일임이 틀림없다. 굉장한 지적인 자극이 되는 일이다. 새로운 문화를 온전히 받아들일 수 있는 가능성을 열어 주는 일이다. 천재의 기본 요건이라고 할 수도 있겠다.

언어는 도구일 뿐이다

하지만 언어는 하나의 도구일 뿐이다. 한 분야의 지식에 지나지 않는다. 공부하는 목적을 잘 생각해 봐야 한다. 공부의 목적이 인터넷에 검색하면 나오는 지식을 얻기 위함일까?

칼 비테는 친구와의 대화에서 인생에서 가장 중요한 것을 지혜라는 점을 강조했다.

"지혜를 갖춘 사람은 학자보다 더 귀하다네. (중략) 어리석은 이는 지식과 학문을 통해 지혜를 얻을 줄 모르는 사람이지. 이런 사람에게 과도한 지식은 오히려 독이 될 뿐이니, 아예 그것들을 배우지 않는 편이 더 낫다네."

언어에 크게 소질이 없는 사람이라도 다양한 인문고전을 읽고 지혜로운 사람이 될 수 있다. 언어라는 도구보다 중요한 것은 사유를 통해 지혜를 얻는 것이다. 물리학에 심취한 아인슈타인에게 라틴어나 고대 그리스어 학습을 강요했다면 광양자설, 특수상대성 이론, 일반상대성 이론의 등장은 없었거나 한참 늦춰졌을 것이다.

미국의 심리학자 하워드 가드너는 1999년에 저서《인간 지능의 새로운 이해(Intelligence Reframed)》에서 다중 지능 이론을 제시하였다. 이를 통해 지능에 대한 IQ 중심인 기존의 획일적인 판단을 비판했다.

기존에는 '머리(IQ)가 좋다'라고 하면 모든 방면에서 지능이 우수한 것으로 이해했다. 하지만 가드너는 지능은 단일한 것이 아니고 독립된 영역이 있으며, 다양한 지능의 조합으로 수많은 재능이 발현된다고 한다.

EBS에서 방영된 〈EBS 다큐프라임 아이의 사생활 4부 다중 지능〉 편에서는 다중 지능 이론에서 말하는 8개 지능 영역을 소개했다. 언어 지능, 논리수학 지능, 음악 지능, 신체 운동 지능, 공간 지능, 대인관계 지능, 자기 이해 지능, 자연 친화 지능이 바로 그것이다.

사람은 이 여덟 가지 지능의 발달 수준에 따라 다양한 조합으로 지능을 발휘한다. 어떤 사람은 논리 수학 지능이 뛰어나 천재 수학자가 될 수 있지만, 음악 지능은 부족해 악기는 평생 다루지 못할 수 있다. 혹은 어떤 이는 공간 지능이 뛰어나 천재 건축가가 될 수 있지만, 언어 지능은 떨어져 외국어 공부와는 담을 쌓고 지낼 수도 있는 것이다.

그렇다면 이 8개 지능이 모두 뛰어나면 천재가 아닐까? 그렇지 않다. 8개 지능 중 특정 지능 몇 개의 조합이 잘 이루어져 큰 성과를 거두는 사람이 사회적으로 성공한다. 우리는 그런 사람들을 '천재'라고 부를 수 있을 것이다.

내 아이를 8개 지능이 모두 우수한 천재로 만들겠다는 허황된 꿈을 버리자. 영어 유치원을 보내고, 하루 종일 귀가 뚫리도록 영어를 들려줘도 아이가 별다른 성과를 보이지 못한다면 언어 지능이 그렇게 뛰어나지 않은 것이다.

영어 조기교육에 목숨 거는 풍토는 벗어나면 좋겠다. 내 아이에게 지나치게 많은 언어 습득을 강요하지 말자. 차라리 그 시간에 좀 더 다양한 인문고전을 읽게 해서 상상력과 사고력을 길러 주자.

"언어는 도구일 뿐이다. 외국어 학습에 목숨 걸지 말라."

왜 아이는 공부 때문에
불행해야 하는가?

"어린아이의 정신세계를 단순히 지식을 학습하는 장으로 바꾸지 말라.
아이에게 모든 에너지를 학업에 쏟아부으라고 강요하면
아이의 생활은 참혹해지고 만다"

- 레프 비고츠키(러시아의 심리학자)

모든 부모는 아이의
행복을 바란다

나의 아버지는 누구나 인정하는 안정된 직장에서 명장급으로 인정받는 기술자셨다. 예전 시골에서 자라신 분들이 으레 그렇듯이 집 안 사정이 넉넉하지 않았다. 아버지는 고등학교 졸업 후 군대를 다녀오신 뒤 바로 취업하셔야 했다.

내가 어릴 때 아버지는 공장에 문제가 생기면 밤 11시든, 새벽 3시든 불려 나가셨다. 당신의 분야에서 최고 수준의 '능력자'셨다. 누구든 일을 제대로 못 하면 아버지에게 욕을 바가지로 먹었다. 나는 어릴 때 그렇게 전문가 대접을 받는 아버지가 자랑스러웠다. 그리고 꽤 멋있다고 생각했다.

하지만 상당히 힘든 일이었을 것이다. 아버지는 공장에서 뜨거운 열기와 소음, 분진과 싸우셔야 했다. 교대 근무나 비상 상황 발생으로 수면이 불규칙한 경우도 다반사였다. 무엇보다도 한여름의 더위 속에서 쇳물이 쉴 새 없이 쏟아지는 환경에서 일하시는 건 정말 고역이었을 것이다. 처자식을 먹여 살려야 한다는 의무감이 아니면 견디기 힘든 일이었을 것이다.

아버지는 종종 말씀하셨다.

"너는 커서 판사나 변호사를 해라. 판사나 변호사가 되기는 어렵다. 하지만 일단 되기만 하면 네가 하고 싶은 것 다 하면서 편하게 살 수 있다. 나는 시골에서 돈 없는 부모님을 만나 공부할 환경이 안 되었다. 그래서 이렇게 힘들게 돈을 번다."

나는 아버지의 심정을 충분히 이해했다. 어느 부모인들 자식을 좀 더 편하게 살게 하고 싶지 않겠는가. 아버지는 내가 공부를 열심히 해서 편하게 돈을 버는 직업을 갖길 바라셨다. 나도 기대에 부응하려 어릴 때부터 열심히 공부했다.

그런데 중학교에 가면서 심리적인 압박이 심해졌다. 환경이 바뀐 탓인지, 사춘기가 찾아와서 그랬는지 모르겠지만, 극심한 시험 스트레스에 시달리기 시작했다. 당시 중학교에는 매달 시험이 있었다. '월례 고사'라는 이름으로 3월에 시험을 치고 나면 4월에는 중간고사, 5월에는 또 월례 고사, 6월에는 기말고사가 이어졌다.

언젠가부터 시험을 다 보고 나서도 마음이 후련하지 않았다. 보통 시험이 끝나면 '이제는 놀 수 있다'라는 생각에 들뜨고 후련해야 하는데 이상하게 가슴이 답답했다. 시험이 끝난 그 시점부터 다음 시험을 걱정하기 시작했기 때문이었다. 항상 마음이 편하지 않았다. 위에 구멍이 난 듯 쓰리고 심장이 두근거렸다. 부모님과 이 문제에 관해서 이야기를 나누어 보아도 어떻게 해결할지 구체적인 방법을 찾지 못했다.

학창 시절 내가 사는 작은 우물에서는 공부를 잘하는 것이 가장 중요한 일이었다. 그리고 꼭 그렇게 해야만 했다. 내 마음은 그렇게 편하지만은 않았던 것 같다. 목표를 이루면 성취감이 있었지만, 그것도 잠시. 또 다른 시험이 항상 기다리고 있었다.

목표를 위해 달려가야만 하는 경주마 같았다. 사육되는 경주마. 사실 나는 야생마의 삶을 꿈꾸고 있었다. 자유롭게 내가 가고 싶은 곳을 향해 이리 뛰어도 보고, 저리 뛰어도 보는. 하고 싶은 공부를 하고, 읽고 싶은 책을 마음껏 읽고 싶었다. 그렇지만, 현실은 양쪽 눈 옆을 가린 채 앞으로만 전력 질주해야만 하는 경주마 같은 신세였다. 항상 눈앞에 시험이라는 목표가 있었다.

고등학교에서는 친한 친구들과 함께 하루 종일 농구도 하고, 몰려다니며 놀면서 스트레스는 줄어들었다. 하지만 학교 공부를 벗어나 자유롭게 사유할 수 있는 해방구가 필요했다. 그러면서 우연히 철학이나 고고학 서적을 접하게 되었다. 너무 재미있어서 나도 모르게 빠져들었다. 진짜 공부의 재미를 느꼈다.

내가 좋아하고 관심이 가는 분야를 스스로 공부하니까 잠을 자지 않아도 신났다. 나는 학교 수업에 크게 지장이 없는 선에서 혼자 많은 책을 읽기 시작했다. 밤 11시까지는 학교 공부를 하고 새벽에는 졸음이 쏟아져 내릴 때까지 철학책을 읽었다.

고3 수능이 끝나고 대학, 학과를 선택할 때 철학을 전공할지도 심각하게 고민했다. 결국 성적을 고려해 다른 학과를 선택하긴 했지만, 지금도 취미 삼아 철학을 비롯한 인문학 도서를 즐겨 읽고 있다.

부모의 게으름이
아이를 불행하게 한다

최근 자녀 교육에 관심이 많은 분이 상담을 요청하셔서 이야기를 나누다가 한 번 크게 웃은 기억이 있다. 요즘은 아이들의 줄넘기 실력 향상을 위해서 줄넘기 학원에 보낸다는 것이다. 층간 소음을 생각하면 집에서 줄넘기시킬 수 없다. 그리고 수시로 덮쳐 오는 미세 먼지 때문에 아이들을 야외에서 놀게 하는 것이 마냥 마음 편하지만은 않다. 부모들은 아이를 실내에서 안전하게 뛰어놀게 하려고 줄넘기 학원을 선택하기도 할 것이다.

하지만 '줄넘기까지 학원을 보내야 하나?'하는 생각이 드는 것은 어쩔 수 없었다.

1980년대 영국의 교육개혁을 이끈 교육학자 켄 로빈슨은 "How to escape education's death valley"라는 제목의 TED 강연에서 아이의 호기심에 불을 붙일 것을 강조했다.

"인간의 삶을 풍요롭게 도모하는 것은 호기심입니다. 만약 여러분이 아이들의 호기심에 불을 붙일 수 있다면 아이들은 아무런 도움 없이도 배울 수 있을 것입니다. 아이들은 타고난 학습가 입니다.

그러한 특정 능력을 끌어내거나, 또는 그 능력을 억제하는 것이 진정한 성취라고 할 수 있죠. 호기심은 성취의 원동력입니다."

칼 비테는 어떤 분야든지 아이가 관심을 보이지 않으면 인내심을 갖고 기다렸다. 우선 흥미를 유도해 보고 관심을 보이는 분야를 공부할 수 있도록 도와주었다. 공부는 결국 스스로 하는 것이다. 부모의 역할은 먼저 아이가 재능이 있거나 흥미를 보이는 분야를 파악하는 것이다. 그리고 그 분야에서 잠재력을 끌어낼 수 있도록 연구해야 한다.

칼 비테의 위대한 점은 아이가 다방면에 흥미를 갖도록 잘 끌어냈다는 것이다. 어려운 문제를 재미있는 놀이로 만드는 비상한 능력이 있었다. 이 능력은 칼 비테의 끊임없는 연구에서 나왔다.

칼 비테는 일기에 이렇게 기록했다.

"아이의 의지와 열정을 긍정적인 방향으로 이끌어 준다면, 그것을 더욱 의미 있는 곳에 쓴다면 아이는 분명 세상이 놀랄 만한 일을 해낼지도 모른다. 오늘 문득 칼의 교육에 관한 새로운 아이디어가 떠올랐다."

그는 매일 일기를 쓰며 아이의 교육에 대해 생각했다. 아이의 열정을 이끌어줄 방법에 대해 고민했다. 정신적으로 게으른 부모들은 아이가 흥미를 느끼는 분야를 발견해 내지 못한다. 그 분야의 잠재력을 끌어내지 못하는 것은 말할 것도 없다. 당신은 혹시 소파에 기대 TV를 보면서 아이의 성적만 물어보고 있지 않은가?

부모라면 아이가 흥미를 느끼는 분야를 찾아 주자. 그리고 그 분야의 호기심에 불을 붙이고, 잠재력을 최대한 끌어내는 방법을 고민하자. 그래야 아이가 행복하게 공부할 수 있다.

"진짜 공부를 하면 행복해진다."

어릴 때는
마음껏 놀게 하라

"놀이는 유년기에 있어서 가장 순수하고
가장 영적인 인간 활동이다."
- 프뢰벨(독일의 교육학자)

놀이는 생존의 기술을
배우는 기회다

고양이에게 쫓기는 쥐를 본 적이 있는가? 쥐는 고양이를 만나면
필사적으로 도망간다. 정말 빠르다. 고양이도 열심히 쫓아간다. 객
관적인 속도로 봤을 때 고양이가 쥐보다 빠르다고 판단하기는 힘들
다. 쥐는 이리저리 방향을 바꾸기도 하면서 빛의 속도로 뛰어간다.

잡힐 듯 말 듯 아슬아슬하다. 그러다가 바위 사이로 쏙 들어간
다. '이제 살았다!'하고 안도의 한숨을 내쉬는 순간, 고양이의 결정
타가 날아든다. 그것은 바로 숨겨 두었던 발톱. 고양이의 발톱에 걸

려서 쥐는 바위틈에서 질질 끌려 나온다. 안전할 줄 알았던 바위도 고양이의 무시무시한 발톱 앞에서는 쥐를 지켜 주지 못한다.

고양이는 사냥감을 덥석 문다. 물리고 나면 쥐는 이내 저항을 포기한다. 더 이상 어찌해 볼 수가 없는 것이다. 불쌍하지만 어쩔 수 없다. 고양이의 승리다.

동물들을 유심히 관찰하면 놀면서 생존에 필요한 기술을 습득한다. 고양이는 자기 꼬리를 잡으려고 한 자리에서 뱅뱅 돌면서 논다. 가만히 쳐다보고 있으면 참 바보 같다는 생각도 든다. 제 꼬리인데 왜 그걸 모르고 저렇게 죽자고 덤비는 걸까?

고양이는 나비를 열심히 쫓기도 한다. 나비가 잡히는 경우는 본 적이 없는 것 같다. 그래도 열심히 쫓아다닌다. 그러면서 고양이는 자기 비장의 무기인 앞발을 재빨리 움직이는 연습을 한다. 근육을 단련하는 것이다. 그리고 실전에서는 한 번에 쥐를 제압해 버린다.

내 아이에게도
놀이는 꼭 필요하다

내 아이에게 놀이는 어떤 영향을 줄까? 동물뿐 아니라 인간에게도 놀이는 생존에 필요한 기술을 습득하는 중요한 기회다. 놀이를 통해 인간은 자유와 행복을 느끼고 사고력, 상상력, 문제 해결 능력 등을 기를 수 있다. 이런 능력은 고양이의 발톱처럼 생존에 필요한 것이다. 내가 아이들과 놀면서 관찰하고 느낀 놀이의 특성과 효용을 몇 가지로 정리해 보았다.

첫째, 놀이를 통해 자유와 행복을 느낄 수 있다.

놀이는 자발적이다. 아이들과 놀이터에 가면 하루 종일 놀아도 지치지 않을 기세로 뛰어논다. 배고프거나 졸리거나 하지 않고서는 여간해서 먼저 집에 가자고 하지 않는다. 놀이터의 시작은 웃음이고 결말은 울음인 경우가 많다. 아이들이 놀이터에서 퇴장할 때는 으레 엄마, 아빠 손에 억지로 질질 끌려 들어간다. 더 놀지 못함을 한스러워 하면서 말이다.

놀이를 하면서 아이들은 '재미'를 느낀다. 학습에서 가장 중요한 것이 재미다. 무엇이든지 재미가 있어야 시간 가는 줄 모르고 집중해서 지속할 수 있다. 많이 놀아 본 아이들은 놀이의 '맛'을 안다. 놀 때의 그 흥분을 안다. 심장이 뛰고, 열기가 오르고, 얼굴은 웃음이 번지고, 살아 있는 기분이다. 자유롭고 행복하다.

둘째, 놀이는 사고력과 상상력을 자극한다.

인간은 새롭고 낯선 상황에 접했을 때 사고 회로가 열리면서 새로운 생각을 할 수 있다. 그렇지 않은가? 매일매일 비슷하게 반복되는 박제 같은 일상에서는 상상력이 끼어들 틈이 없다. 다 정해져 있는 것이다. 굳이 생각할 필요가 없다.

아이들에게 '놀이'라는 '낯섦'이 아니면 '생각'이 자라지 않는다. 상상력이 자극되지 않는다. 자, 그러면 매일 같은 놀이터에 간다고 가정해 보자. 아이들이 매번 비슷한 방식으로 논다면? 생각을 많이 할 기회를 놓치게 된다. 그렇기 때문에 아이들을 무작정 놀게 해서는 안 된다. 부모가 개입해서 이전과는 다른 방식으로 놀아주는 것이 좋다.

나는 아이들과 잡기 놀이를 할 때도 새로운 상황을 상상할 수 있도록 유도하려고 애쓴다.

"자~ 이번엔 아빠가 드래곤이 될 거야. 오빠는 정의의 기사인데 지금 드래곤을 물리칠 수 있는 칼을 잃어버렸어. 칼을 찾아 줘야 오빠가 드래곤을 물리칠 수 있는 거야."

"칼은 어디 있어?"

"어~ 저기 소나무 보이지? 저 밑에 기다란 나뭇가지가 드래곤을 물리치는 칼이야."

"그런데 아빠, 이걸로 방패 하면 안 돼? 그리고 칼은 공주님만 가져다줄 수 있어."

"좋아, 그럼 열 번 센다. 10, 9, 8, 7…"

이런 식으로 새로운 조건을 주고 놀이를 하다 보면 아이들이 스스로 생각해서 환경을 설정한다. 상상력이 가동된다. 이렇게 놀고 와서 그날 저녁에 용이 나오는 동화책을 읽어 주면 아이들은 새로운 이야기를 중얼거리면서 만들어 내기도 한다. 종이를 접고 찢고 붙여서 작은 동화책을 만들어 주면 그 속에 상상의 나래를 펼쳐 그림 동화 한 편을 만들어 낸다.

셋째, 놀이는 문제 해결 능력을 길러 준다.

놀이하다 보면 필연적으로 부딪치는 상황이 있다. 바로 갈등이다. 내가 살던 아파트 단지 놀이터에는 그네가 1쌍 있었다. 당시 아파트 단지에는 1,000세대 정도가 살고 있다. 1,000세대에 그네 두 개…. 미세 먼지 없는 날씨 좋은 날 오후에는 그네를 차지하기 위한 전쟁이 벌어졌다.

한 아이가 그네를 타다가 '드디어' 내려온다. 우리 아이들의 눈빛이 빛난다. 하지만 암묵적인 룰이 있다. '선착순'. 순서대로 먼저 기다리던 아이가 뛰어가서 그네를 차지한다. 첫째 아이는 이 상황을 이해한다. 하지만 아직 어린 둘째는 그런 상황을 이해할 수 없다. 울면서 자기가 타야 한다고 그네를 잡고 놓지 않는다.

이런 갈등 상황에서는 부모가 직접 개입하기보다는 아이들이 스스로 해결할 수 있도록 유도해 주면 좋다. 나는 이런 경우 첫째 아이에게 동생의 주의를 돌릴 수 있도록 유도한다.

넷째, 놀이를 통해 몸과 마음이 건강해진다.

놀이를 통해 몸이 건강해지는 것은 설명이 필요 없을 것이다. 나는 아이들을 차에 태워 다니다가도 공원이나 걷기 좋은 길이 있으면 차를 세우고 산책과 잡기 놀이를 즐긴다. 그리고 주말 아침에는 큰아이 손을 잡고 집 주변이나 공원을 놀면서 산책한다. 처음에는 걷기 힘들어하던 아이도 자주 산책을 하면서 다리에 힘이 붙었다. 그러면서 걷는 시간이 10분, 20분, 30분으로 점차 길어지고 있다.

칼 비테는 아이의 공부 시간과 휴식 시간을 엄격하게 관리했다. 아이가 공부하다가 끊기는 것이 싫어서 더 공부하겠다고 사정하는 경우가 있다. 하지만 그는 정해진 시간이 되면 무조건 책상에서 일어나게 했다. 그리고 잠깐이라도 몸을 풀고 산책하게 했다. 풀리지 않는 문제가 있을 때 아무리 오래 붙들고 있어 봐야 해결되지 않는다. 잠깐이라도 놀면서 휴식하고 나면 신기하게도 잘 풀리는 경험을 해본 적이 있을 것이다.

칼 비테는 아이를 마음껏 놀게 했고, 적극적으로 함께 놀았다. 그는 정원에 아이를 위한 작은 놀이터를 만들어 주었다. 정원 바닥에는 자갈을 깔아 비가 와도 조금만 시간이 지나면 놀 수 있게 해 두었다. 그리고 간단한 운동기구, 진흙더미 등을 마련해 다양하게 놀 수 있게 했다. 칼 비테 주니어는 아버지와 진흙으로 산과 다리 등 새로운 세상을 빚어낸 '창조적인' 경험을 자라서도 잊지 못했다.

아이에게 놀이는 성장을 위해 필수적인 활동이다. 아이가 방안에서 책을 열심히 본다고 해서 흡족해하면 안 된다. 책으로는 배울 수 없는 것이 있다. 놀이를 통해서 배울 수 있는 것이 따로 있다. 어릴 때는 무엇보다도 놀이가 우선이다. 우리 아이를 마음껏 놀게 하자.

그 많던 전교 1등은
다 어디로 갔을까?

"가장 중요한 것은, 당신의 마음과 영감을 따를 수 있는
용기를 가지는 것이다. 당신의 마음과 영감은 이미
당신이 진심으로 되고 싶은 바가 무엇인지 알고 있다."

- 스티브 잡스(미국의 기업가)

전교 1등은 행복할까?

'전교 1등'을 해본 적이 있는가? 아마 대부분의 사람은 그런 경험
이 별로 없을 것이다. 2023년 말 기준으로 우리나라 고등학교 개수
는 2,379개이다. 전국에서 2,379명 남짓 되는 사람만이 꾸준히 전교
1등을 해봤다는 이야기다. 2023년 수능을 본 인원이 대략 50만 명
이니까 전체에서 상위 0.5% 정도가 '전교 1등'이다.

제19대 대통령 선거에서는 모 후보에게 '화난 전교 1등'이라는 수
식어가 붙어 사람들의 입에 오르내린 적이 있다. 전교 1등에게 느끼
는 공통적인 정서나 선입견이 있기에 많은 사람이 공감했던 것 같다.

지인 중에 나와 같은 학교는 아니었지만, 고등학교 시절에 전교 1등을 도맡아 하던 선배가 있다. 그는 전교 1등답게 서울 대학교에 당당히 합격했다. 이후 한동안 사법시험 공부를 했다. 하지만 뜻대로 일이 잘 풀리지 않았다. 그는 군대를 다녀온 후 나름 대기업이라 할 수 있는 회사에 다니고 있다. 얼마 전에 만난 선배는 이렇게 한탄했다.

"이렇게 계속 회사 생활을 얼마나 할 수 있을지 모르겠다. 일도 많고, 책임져야 할 것도 많아. 물가는 계속 오르는데, 연봉은 원하는 만큼 안 오르네. 애들은 커 가는데 어떻게 해야 할지 모르겠다."

"선배, 그럼 그냥 회사 그만두고 사업을 해보시는 건 어때요? 요즘은 인터넷으로 성공할 기회도 많고, 책을 써 보는 것도 괜찮지 않을까요?"

"그걸 내가 이제 와서 어떻게 하겠냐? 누가 가르쳐 주는 것도 아니고…. 시간도 없는데."

"40대 초반이면 그렇게 늦은 것도 아니죠. 방법은 찾아보면 알 수 있을 거예요."

"매달 들어가는 돈도 만만치 않은데…. 당장 월급 없이 어떻게 살아."

"그래도 계속 그렇게 힘들어하시는 것보다는 낫지 않을까요?"

"야~ 됐다. 술이나 마시자."

모두가 그런 것은 아니지만, 학창 시절에 우등생이었던 사람들은 기존의 판을 깨고 새로운 일에 도전하는 데 주저하는 경향이 있다. 그들은 주어진 과제를 완벽할 정도로 충실히 해낸다. 업무처리 능력이 남들보다 뛰어나다. 능력이 좀 떨어지는 분야에서는 엄청난 성실함으로 평균 이상의 성과를 낸다.

하지만 무엇이 과제인지 스스로 정하고 찾아야 할 때는 어려움을 느끼는 경우가 많다. 누군가가 만들어 놓은 길을 가는 방법을 익히고 따라가는 것을 잘한다. 하지만 새로운 길을 개척하는 것에는 용기를 쉽게 내지 못한다.

자유롭게 사고하는 천재가 세상을 놀라게 한다

1970년대 중반 인도. 한 남자가 동냥하고 있다. 전통 의상 롱기를 걸치고 있는 것으로 보아 탁발승이 틀림없다. 어두워지면 폐가를 찾는다. 여관에 갈 만한 돈이 없는 것 같다. 사과와 당근만 먹는다. 채식주의자인가 보다. 수염을 덥수룩하게 길렀다. 누더기 옷에서는 냄새가 난다.

거리에는 구걸하는 아이들이 넘쳐난다. 죽은 아이와 죽은 개는 함께 길가에 쓰러져 누워 있다. 누구 하나 수습하는 이가 없다. 거리는 소음으로 귀청이 떨어질 지경이다. 거울로 사물을 보는 것은 불길하다는 생각 때문에 생긴 일이다. 거울을 거세당한 차들은 서로의 위치를 증명하기 위해 경쟁적으로 경적을 울려 댄다. 유적지 주변을 가면 한쪽 팔이 없는 사람, 두 다리를 잃고 걷지 못하는 노인, 눈을 잃은 여인들이 경쟁적으로 돈을 요구한다. 지옥이 있다면 이런 모습일까?

탁발승 모습의 남자는 충격에 사로잡힌다. 어지간히 명상해 왔지만, 마음을 다스리기 쉽지 않다. 그가 생각했던 것보다 인도 사람들은 너무 가난하다. 부처님이 100명 환생해도 어떤 도움이 될까 싶다. 그는 생각한다. '실용적인 기술 혁신만이 사람들에게 실질적인 도움을 줄 수 있다.' 그는 스티브 잡스다.

스티브 잡스는 학창 시절 자기중심적이고 불량한 학생이었다. 수업 태도가 엉망인 것은 기본이었고 장난이 심해 많은 사람을 곤란하게 했다. 한 번은 교실에 뱀을 풀어 놓은 적도 있었다. 주변 사람들이 얼마나 황당했을까? 학교에서 내주는 숙제를 하지 않는 것은 물론이고, 선생님에게 대드는 것도 일상이었다. 심지어 고등학교에 가서는 마리화나에까지 손을 댔다. 이 정도면 최악의 문제아다.

하지만 그에게는 남다른 강점이 있었다. 그것은 자신이 좋아하는 것이 무엇인지, 어떤 길을 가야 하는지 내면과의 대화에 충실했다는 것이다. 그에게는 자신만의 세계가 있었다. 학교 공부는 열심히 하지 않았지만, 전자 제품과 문학작품에 푹 빠져 지냈다. 히피들처럼 머리를 치렁치렁 기르고, 그들과 어울리기도 했다.

스티브는 오리건주 포틀랜드에 있는 리드 칼리지(Reed College)에 입학했다. 하지만 그는 별로 재미도 없는 수업을 듣고 싶지 않았다. 그리고 비싼 학비도 부담이 되었다. 그래서 한 학기만 다니고 자퇴했다. 그러고는 흥미를 끄는 과목을 골라 청강하기 시작했다. 그가 당시에 청강한 캘리그래피 수업이 훗날 매킨토시의 서체에 많은 영향을 주었다는 것은 널리 알려진 사실이다.

당시에 그는 친구의 기숙사 바닥에서 잠을 자고, 콜라병을 팔아 마련한 돈으로 생활비를 해결했다. 그리고 일요일이면 수도원에서 주는 무료 급식을 먹기 위해 7마일을 걸어 다녔다. 모범생들이라면 견디기 쉽지 않은 상황이다. 하지만 히피 마인드로 무장한 스티브는 쉽지 않은 이 시기를 공부의 끈을 놓지 않고 견뎌 낸다.

이때 스티브는 명상과 선불교에도 관심을 두게 되었다. 그는 게임 회사에 다니다가 자신의 정체성에 대한 해답을 찾아 인도로 떠난다. 인도 여행은 그가 세계가 놀랄 만한 IT 혁명을 주도하는 동력이 되었다. 그는 다양한 경험을 통해 자아에 눈을 뜨고, 자신이 해나가야만 하는 일이 무엇인지에 대한 깨달음을 얻었다.

스티브는 세상을 놀라게 하겠다는 강한 열망을 품고 있었다. 기존의 사고나 규칙에 얽매이지 않고 자유롭게 사고하고 행동했다.

틀을 깨는 사고를 유도하자

첫째 아이의 세 번째 생일이 되었을 때 나는 처음으로 레고 블록을 사 주었다. 그 정도 나이가 되었으니 충분히 블록을 맞추면서 놀 수 있다고 생각했다. 아이는 내 기대대로 블록을 재미있게 가지고 놀았다. 처음에는 내가 거의 다 조립해 주었다. 그리고 마지막에 한두 개 정도 블록이 남았을 때 그것을 아이가 끼우게 해서 성취감을 느끼게 해주었다.

시간이 좀 흐르고 나서는 아이가 혼자 레고 조립을 하기 시작했다. 아이는 땀을 뻘뻘 흘리면서 설명서대로 조립했다. 그러다 보면 설명서와 조금 다르게 조립하는 경우가 생긴다. 그러면 아이는 얼굴이 빨개져서 씩씩거리며 다른 점이 무엇인지 찾으려고 애썼다.

나는 너무 설명서대로 하는 것이 아이의 창의력에는 좋지 않을 것으로 생각했다. 아이의 '범생이' 기질을 조금 바꿔 주고 싶었다.

"꼭 설명서와 똑같이 만들 필요는 없어. 네가 하고 싶은 대로 만들어도 돼."

"그런데 정해진 대로 안 만들면 다 부서질 수도 있잖아."

"아니야. 저 설명서도 누군가가 만든 거야. 저건 저렇게 하면 이런 모습이 나온다고 예를 들어준 거야. 하고 싶은 대로 해도 문제없어."

오랜 트레이닝 끝에 아들은 설명서를 아예 보지 않고 마음대로 레고를 조립했다. 로봇, 용, 뱀 등 스스로 만들고 싶은 것을 상상해서 마음껏 만들어 냈다. 레고와 함께 종이, 실, 테이프 등 다양한 재료를 추가로 활용하기도 했다. '레고'라는 '틀'을 뛰어넘은 것이었다.

세상은 기존의 판, 규칙에 얽매이지 않고 자유롭게 생각하는 사람들에 의해 변화된다. 내 아이를 전교 1등으로 만들려고 혈안이 되지 말자. 물론 공부를 잘하면 좋다. 하지만 그보다는 자유롭게 상상할 수 있는 아이가 되도록 자극해 주자.

사교육은 절대
천재를 만들 수 없다

"생각하는 것을 가르쳐야 하는 것이지,
생각한 것을 가르쳐서는 안 된다."
- 코넬리우스 구를리트(독일의 작곡가)

입시 위주의 사교육은
질문 못 하는 시험 기계를 만든다

2010년 11월 12일 G20 서울 정상회담 폐막식, 폐막 연설 직후 미국의 버락 오바마 전 대통령은 개최국인 한국에 대한 배려로 한국 기자들에게 마지막 질문의 기회를 주었다.

"한국 기자들에게 질문권을 하나 드리고 싶군요. 정말 훌륭한 개최국 역할을 해주셨으니까요.", "누구 없나요?"

하지만 미국 대통령을 앞에 두고 한국 기자들은 그 누구도 입을 열지 않았다. 10여 초간 어색한 정적이 흘렀다. 멋쩍었던지 오바마가 한 마디 덧붙인다.

"한국어로 질문하면 아마도 통역이 필요할 겁니다. 사실 통역이 꼭 필요할 겁니다."

청중들은 웃음을 터뜨렸다. 이때 루이청강이라는 중국 CCTV 기자가 마이크를 잡았다.

"실망하게 해드려 죄송하지만, 저는 중국 기자입니다. 제가 아시아를 대표해 질문해도 될까요?"

오바마는 예상치 못한 중국 기자의 등장에 당황한 기색이다. 그는 말을 이었다.

"하지만 공정하게 말해서 저는 한국 기자에게 질문을 요청했어요. 그래서 제 생각에는…."

루이청강이 오바마의 말이 끝나기도 전에 말을 끊고 다소 무례하게 제안한다.

"한국 기자들에게 제가 대신 질문해도 되는지 물어보면 어떨까요?"

루이청강이 상당히 '오버'했다. 한국 측에서 누구든 '당신 무례하군요.'하고 소리를 쳐도 누구도 루이청강의 편을 들어줄 사람은 없는 상황. 오바마가 중재에 나선다.

"그것은 한국 기자가 질문하고 싶은지에 따라서 결정되겠네요."

"없나요? 아무도 없나요?"

두 번의 질문에도 놀랍게도 아무도 질문하지 않는다.

"하하하…." 오바마는 허탈하게 웃을 수밖에 없었다. 결국 질문권은 중국 기자에게 넘어갔다.

나는 이 국제적으로 정말 부끄러운 사건을 접하고 한동안 생각에 빠졌다. 왜 한국 기자들은 질문을 하지 않았을까? 미국 대통령과 일내일로 대화를 나눠 본다는 것은 일생일대의 기회가 될 수 있다. 그 자리에서 당당하게 일어나 정중하지 못하게 행동한 중국 기자를 나무라고 오바마 대통령과 의미 있는 대화를 주고받았다면, 소속 방송국이나 신문사에서 영웅 대접을 받았을 것이다. 기자들은 질문을 안 한 것일까? 못한 것일까?

영어를 못해서? 영어는 걱정할 필요가 없는 상황이었다. 우리가 개최국인데 통역사가 없었을 리가 없다. 오바마 대통령도 자신이 한국어를 못하니까 질문을 하면 통역이 필요할 것이라고 하지 않았는가.

'모난 돌이 정 맞는다.' '중간만 가라.', '튀지 마라.' 한국 사회에서 살아오면서 숱하게 들은 말들이다. 수많은 기자가 가만히 있는데 그 침묵을 깨고 결연하게 손을 드는 용기가 생기기 힘든 한국 문화의 특징에서도 원인을 찾을 수 있을 것이다.

나는 이런 사건이 일어나게 된 가장 큰 본질적인 이유는 한국의 교육제도와 사교육의 영향 때문이라고 생각한다. 영국의 교육학자 켄 로빈슨은 이렇게 말했다.

"전 세계적으로 교육은 대학에 들어가기 위한 절차에 불과하다."

교육이 대학 입학 중심으로 가고 있다는 점을 비판한 말이다. 그중에서도 특히 우리나라의 교육은 입시에 초점이 맞춰져 있다. 학생들이 다니는 수많은 학원은 입시 외에는 존재 이유가 없다.

입시를 위한 공부에는 정해진 답이 있다. 문제에서 어떤 조건을 주면 '출제자의 의도'를 파악해서 '교과서'에서 배운 대로 정답 한 개를 찍어야 한다. 수능시험이 그 대표적인 예이다. 수능은 오지선다형으로 하나의 답을 찍어야만 한다.

그나마 수험생들의 생각을 기술하는 시험이 논술이다. 그런데 논술도 가만히 뜯어보면 어느 정도는 답이 정해져 있다. 논술 채점을 할 때 어떻게 할까? 수많은 수험생의 답안 분량, 글씨체는 제각각이다. 그리고 읽어야 할 분량도 엄청나다. 그런데 시험을 채점해야 하는 기한은 정해져 있다. 채점자 입장에서는 상당히 힘든 작업

일 것이다. 결국 키워드 중심으로 볼 수밖에 없다.

논술 학원에서는 어떻게 가르칠까? '어떤 유형의 문제가 나왔을 때 이렇게 풀어라.'하는 기법을 가르친다. 그리고 어떤 키워드를 꼭 넣어야 한다는 식으로 팁을 알려준다. 배경지식을 알아야 한다고 족집게식으로 고전을 프린트해서 나눠주기도 한다.

질문은 궁금한 것이 있어야 할 수 있다. 궁금한 것은 호기심이 있어야 생긴다. 어떤 내용을 듣거나 현상을 관찰하고도 호기심이 없으면 질문거리는 생기지 않는다. 입시 경쟁에서 살아남으려면 공부해야 하는 내용을 최대한 빨리 효율적으로 습득해야 한다. 특정한 내용에 호기심을 갖고 탐구할 여유가 없다.

천재교육의 첫걸음은
호기심을 자극하는 것이다

몇 년 전 한 TV 프로그램에서 본 내용이다. 한국 학생들이 푸는 영어시험 지문을 모국어로 영어를 쓰는 또래의 외국인 학생에게 보여주었다. 그리고 그 지문이 어떤 내용인지를 물어보는 내용이었다. 신기하게도 외국인 학생은 주어진 시간 내에 지문의 내용을 다 소화해 내지 못했다. 그러면서 '어떻게 이렇게 어려운 지문을 한국

학생들이 읽고 이해하는지' 놀라워했다.

호기심은 여유와 여백에서 생긴다. 입시 앞에서는 여백이 있을 수가 없다. 입시를 전제로 한 교육으로는 생각하는 것을 가르치기가 거의 불가능하다. 남들이 이미 다 생각해 놓은 결론, 그것을 빨리 흡수하는 데 초점이 맞춰져 있기 때문이다.

사교육은 입시에만 특화되어 있다. 교과 범위 내에 이해하고 암기해야 할 공부 내용을 최대한 효율적으로 습득해서 문제를 잘 풀수 있도록 도와주는 교육이다. 사교육을 통해서 일시적인 성적의 향상은 있을 수 있다. 하지만, 호기심을 자극하는 것은 거의 불가능하다.

칼 비테는 아들의 호기심을 자극하기 위해 최선의 노력을 다했다. 호기심은 평소와는 다른 환경에 노출되었을 때 생길 수 있다. 새로운 사람을 만난다든지, 낯선 곳으로 여행을 간다든지, 좋은 책을 만나는 것이 모두 포함된다.

그는 아들의 지적 호기심을 자극하기 위해 함께 교양이 풍부한 명사들을 만나는 노력을 기울였다. 그들과의 만남에서 자신과는 색다른 대화를 주고받을 것이고 그 과정에서 아들이 많은 자극을 받기 때문이다.

또한 아들과 여행을 다니는 것에 매우 적극적이었다. 칼 비테의 경제 사정은 그렇게 넉넉한 편이 아니었다. 하지만 아들의 교육을 위해 여행지를 엄선하고, 일정을 꼼꼼하게 계획했다. 자연이 아름다운 지방, 예술을 즐길 수 있는 도시 등 주제를 명확하게 정했다. 단순히 즐기기 위해서가 아니라, 교육적인 차원에서 여행을 다녔다. 아들은 아버지와 함께하는 여행이 너무 즐거웠다고 한다. 여행 기간에 얼마나 많은 것을 보고 듣고 대화를 나누었겠는가?

그리고 무엇보다도 아들에게 책을 엄선해서 추천해 주었다. 특이한 점은 인문고전을 중심으로 하되, 다양한 분야의 책을 읽도록 한 것이다. 칼 비테 주니어의 독서는 문학, 어학, 동물학, 식물학, 물리학, 화학, 수학 등에 걸쳐 광범위했다.

대한민국에서 입시는 피할 수 없는 현실이다. 최소한의 자존감을 지키기 위해 입시 공부를 나 몰라라 할 수는 없다. 사교육을 완전히 시키지 않을 수는 없다. 하지만, 나는 내 아이들을 입시 중심의 교육에만 매몰되게 하지는 않을 생각이다.

내 아이가 미래에 미국 대통령 앞에 선다면 그 흥미로운 기회를 놓치게 할 생각은 없으니까 말이다.

"사교육은 질문하지 못하는 바보를 만들어 낸다."

책만 읽는 책벌레는
천재가 될 수 없다

"난 네가 훌륭한 사람이 되기를 바라는 동시에
기본적인 일상생활에도 충실하길 바란단다. 머리가 아무리 똑똑해도
생활력이 없는 사람은 아무짝에도 쓸모가 없어."

- 칼비테(독일의 교육학자)

공부의 양은 적절하게
조절해 주자

"아빠 나 지난달에 Bookworm(책벌레) 됐어."

아들이 영어학원에서 책벌레로 선정되었다고 자랑이다. 얼굴
사진을 크게 찍어서 넣고 코팅까지 예쁘게 한 상장이 아이 손에 들
려 있다. 지난 한 달간 열심히 책을 읽은 결과 3등에서 1등이 된 것
이다.

아들이 다니는 영어학원에서는 한 달에 한 번씩 책벌레를 선정
한다. 학원에서는 매일 수업을 마치고 집에 갈 때 자유롭게 영어책

을 빌려 갈 수 있게 한다. 아이는 적을 때는 한두 권, 많을 때는 5권까지도 빌려오기도 한다. 그리고 인터넷 사이트에 접속해서 읽은 책과 관련된 문제를 푼다. 그 결과에 따라 한 달간 개인별 점수를 합산해서 가장 많은 점수를 획득한 아이가 책벌레가 된다.

보통 부모들은 아이가 뭐든지 1등을 하면 좋아서 칭찬해 줄 것이다. 물론 나도 잘했다고 안아주고 입맞춤을 해주었다. 하지만 왠지 마음 한쪽 구석이 편치 않았다. 8살 아이가 책벌레가 되는 것보다는 좀 더 뛰어놀기를 바라기 때문이었다.

나는 아이의 교육 문제에서 이따금 고민에 빠지곤 한다. 한편으로는 어릴 때부터 꾸준하게 공부하는 습관을 들이는 것이 좋겠다는 생각이 든다. 그래서 꼼꼼하게 아이가 해야 할 과제를 정하고, 일정 시간 공부를 하도록 한다.

다른 한편으로는 아이가 집중적으로 잠깐씩 공부하고 과제의 양은 줄이는 것이 좋다는 생각이 든다. 영어책을 하루에 세 권, 다섯 권씩 읽기보다는 한 권을 읽어도 그 속에 나와 있는 다양한 표현을 확장해서 공부하고, 연관된 책도 찾아 읽어보는 것이 좋다는 생각이다.

뭐가 맞는지는 모르겠다. 나름 꾸준히 공부하는 습관을 들여서 아들은 하루에 두 시간 정도 앉아서 공부하는 것에 익숙해졌다. 그리고 꼭 해내야 할 숙제가 있으면 어떻게 해서든 할 생각하고 있다. 아이의 책임감이 강해지는 데 참 긴 시간이 걸렸던 것 같다.

하지만 때로는 많은 과제를 억지로 하는 모습을 보며 걱정이 앞서기도 한다. 어릴 때는 재미있어하던 영어에 오히려 흥미를 잃는 것이 아닌가 하는 생각이 드는 것이다. 한자에도 한동안 취미를 붙이다가 급수 한자책을 사주면서 과제를 주니 흥미를 잃어 가는 것 같다.

나는 아들이 공부를 좀 과하게 했다 싶으면 잠깐 쉬게 하면서 재미있는 이야기를 해준다. 아니면 호기심을 자극해서 다른 것에도 관심을 기울일 수 있는 계기를 만들어 주려고 한다. 예를 들어 영어 책을 두 권 정도 보고 나면 화산이 폭발하는 영상을 보여준다거나 하는 식이다. 그러면 아이는 화산 폭발의 원리를 궁금해하고 그와 관련된 백과사전 같은 책을 찾아보면서 머리를 식힌다.

아이를 '사람'으로 키우자

나는 아이가 버릇없는 책벌레가 되기를 바라지는 않는다. 예전에, TV에서 한 영재를 소개한 것을 본 적이 있다. 그 아이의 집 거실에는 TV가 없다. TV 대신에 거실 한쪽 면을 가득 채운 것은 책장이었다. 아이의 부모는 책을 좋아하는 아이를 위해 집을 책으로 도배했다. 영재는 영문으로 된 수학책이나 두꺼운 백과사전도 척척 읽어 낸다고 한다. 진정한 책벌레다. 어린 시절 집 근처에 있던 도서관의 책을 다 읽어 버렸다는 빌 게이츠급이다.

자녀 교육에 관심이 많은 나는 이런 걸 보면 눈에서 레이저가 나온다. '와~ 대단하다. 초등학생이 어떻게 원서를 보고 공부를 하지? 우리 집도 나중에 저렇게 꾸미자. 그리고 아이에게도 저렇게 책을 읽혀 봐야겠다. 내가 많이 공부해야겠네.'하고 감탄을 연발했다.

그런데 아이를 인터뷰하는 장면에서 적잖은 충격을 받았다. 책벌레 아이는 인터뷰할 때 고개를 거의 들지 않았다. 제가 읽던 책만 계속 쳐다보면서 질문에 단답형으로 대답했다. 눈을 마주치는 모습은 거의 보이지 않았다. 질문을 계속하는 것이 귀찮았던지 다소 신경질적인 모습을 보이기도 했다.

'저게 뭐야. 저렇게 공부만 아는 애로 키워도 되는 건가?' 내 호기심과 감탄은 이내 실망으로 변했다. 채널을 돌려버렸다.

"나는 아들을 사람으로 키우려고 했다."

칼 비테는 전인적인 교육을 추구했다. 아들이 6개 국어를 하거나, 어려운 수학 문제를 기가 막히게 풀어도 그렇게 대수로이 생각하지 않았다. 그는 아들이 건강하기를 더 바랐고, 지식을 쌓는 것보다는 지혜로운 사람이 되도록 조언했다. 그리고 공부만 하다 현실 감각을 잃지 않도록 주의했다. 그래서 경제 교육을 매우 중요하게 생각했다. 또한 겸손한 사람으로 자라도록 지도했다. 그리고 무엇보다도 이웃에게 도움이 되는 사람이 되길 바랐다.

칼 비테 주니어가 일곱 살 때 어느 주말, 엄마는 몸이 아파 누워 있었다. 칼 비테가 외출 중이었고, 아침에 일어난 아이는 어찌할 바를 모르고 마냥 아버지를 기다렸다. 집에 돌아온 아버지는 멋지게 요리했다. 칼 비테는 '많이 배운 사람은 요리를 못해도 된다고 생각했다.'라는 아들의 말에 이렇게 조언했다.

"난 네가 훌륭한 사람이 되기를 바라는 동시에 기본적인 일상생활에도 충실하길 바란단다. 머리가 아무리 똑똑해도 생활력이 없는 사람은 아무짝에도 쓸모가 없어."

부모가 아이를 사랑하는 마음이 지나치면 자칫 아이가 스스로 해야 할 일까지 챙겨 주는 경우가 있다. 나는 때때로 아이의 양말을 신겨 주거나 옷을 입혀 줄 때가 있다. 빨리 나가야 하는데 아이들이 꾸물거리면 '자기 할 일은 스스로 해야 한다.'라는 '원칙'을 내가 깨는 것이다. 칼 비테를 읽고 사람들에게 전파하는 나도 실전에서는 종종 어려움에 부딪힌다

칭찬의 기술을 예술의
경지로 끌어올리자

《칭찬은 고래도 춤추게 한다》라는 책을 들어 본 적이 있을 것이다. 이 책에서 고래는 그냥 귀여운 돌고래가 아닌 범고래다. 범고래는 돌고래 과로 구분이 되긴 하지만, 사실 상어와 다른 고래까지 잡아먹는 무시무시한 바닷속 최상위 포식자다.

칭찬은 무게 3톤의 무시무시한 범고래도 춤을 추게 할 만큼 강력한 동기부여의 힘을 갖고 있다(범고래 수컷 성체의 무게는 거의 10톤까지 나간다). 이렇게 마약과도 같은 동기부여의 힘을 가진 칭찬은 아이에게 긍정적인 영향만을 줄까?

칼 비테는 자식에 대한 칭찬의 기술을 예술의 경지로 끌어올린 아버지다. 그는 아들이 잘한 것에 대해 평소에 과하게 칭찬하는 법이 없었다. 시험을 잘 봤을 때는 가볍게 "칼, 잘했구나." 정도 한마디 하는 식이다.

하지만, 착한 일을 했을 때는 껴안고 입을 맞추는 등 확실하게 칭찬을 해주었다. 칼 비테 주니어는 훗날 어릴 때 아버지의 제대로 된 칭찬을 듣고 싶어 착하고 좋은 일에 앞장섰다고 고백했다. 칼 비테는 아이와 심리적인 '밀당' 게임의 고수였다.

아이를 과하게 칭찬하면 안 되는 이유는 자만심이 싹틀 수 있기 때문이다. 특히 책벌레 성향이 있는 아이를 남보다 지식이 많은 것에 대해서 칭찬한다고 해보자. 아이는 지적인 능력을 잣대로 다른 사람을 평가해 버린다. 그리고 자신을 과대평가하게 된다.

교만한 마음을 품으면 시간이 흐르면서 그것이 자연스럽게 말과 행동으로 표출된다. 그래서 처음에는 사람들이 알지 못하더라도 이내 들통나고 만다. 그러면 주변에 사람이 없어지고 자연스레 고립된다.

칭찬을 받고 자란 아이는 자신감을 느낀다. 자신감은 꿈을 실현하는 비결이지만, 교만함은 자신을 망치는 독약이다. 부모는 아이가 자신감을 느끼게 하되, 교만해지지 않도록 적절한 칭찬의 기술을 발휘해야 한다.

내 아이를 '사람'으로 키우자. 교육은 학교 성적만을 위한 것이 아니다. 아이의 인생을 위한 것이다. 칼 비테처럼 아이의 성적보다는 전인적인 교육에 초점을 맞춰야 한다. 책만 읽는 책벌레는 세상에 도움이 되는 진정한 의미의 천재가 될 수 없다.

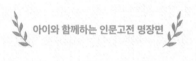

일리아스
(호메로스)

원전 읽기

프리아모스는 그리스인들 몰래 안으로 들어갔다. 그는 가까이 다가가 두 손으로 아킬레우스의 무릎을 잡았다. 그는 자기 아들들을 수없이 죽인, 남자를 죽이는 그 무시무시한 두 손에 입 맞추었다. 아킬레우스는 신과 같은 프리아모스를 보고 깜짝 놀랐고 다른 사람들도 놀라서 서로 얼굴만 쳐다보았다. 그에게 프리아모스는 이렇게 애원했다.

"신과 같은 아킬레우스여, 그대 아버지를 생각하시오! 나와 동년배이며 슬픈 노령의 문턱에 접어든 그대 아버지를. 그래도 그분은 그대가 살아 있다는 소식을 들으면 마음속으로 기뻐하며 날마다 사랑하는 아들이 트로이아에서 돌아오는 것을 보게 되기를 고대할 것이오. 하지만 나는 참으로 불행한 사람이오. 드넓은 트로이아에서 나는 가장 훌륭한 아들들을 낳았지만 그중 한 명도 남지 않았으니 말이오.

아킬레우스여! 신을 두려워하고 그대의 아버지를 생각해 나를 동정하시오. 나는 세상 어떤 사람도 차마 못 할 짓을 하고 있지 않소! 내 자식들을 죽인 사람의 얼굴에 손을 내밀고 있으니 말이오." (중략)

두 사람 모두 생각에 잠겨 프리아모스는 아킬레우스의 발 앞에 쓰러져 헥토르를 위해 흐느껴 울었다. 그리고 아킬레우스는 자기 아버지를 위해, 파트로클로스를 위해 울었다. 그리하여 그들의 울음소리가 온 집안에 가득 찼다.

"아무리 괴롭더라도 우리 슬픔은 마음속에 누워 있게 내버려 둡시다. 싸늘한 통곡은 아무런 도움도 되지 않을 테니 말이오. 그렇게 신들은 비참한 인간들의 운명을 정해놓으셨지요. 괴로워하며 살아가도록. 하지만, 그분들은 슬픔을 모르지요.

제우스의 궁전 마룻바닥에는 두 개의 항아리가 놓여 있는데 하나에는 나쁜 선물이, 다른 하나에는 좋은 선물이 가득 들었지요. 제우스께서 이 두 가지를 섞어서 주시는 사람은 때로는 궂은 일을, 때로는 좋은 일을 만나지요." (제24권)

《일리아스》는 그리스 연합군과 트로이의 전쟁 이야기다. 그리스 연합군에서 가장 용맹한 전사인 아킬레우스는 트로이의 왕자 헥토르에게 절친한 전우 파트로클로스가 죽임을 당하자, 헥토르를 찾아가 싸워 이긴다. 이때 그는 헥토르를 죽이면 자신이 죽을 운명임을 알았다.

아킬레우스는 분노에 못 이겨 헥토르의 시신을 마차에 매달아 끌고 다니면서 욕보인다. 프리아모스 왕은 밤에 몰래 아킬레우스를 찾아가 헥토르의 시신을 돌려줄 것을 간청한다.

이때 아킬레우스는 자신의 아버지와 죽은 친구를 생각하며 울고, 프리아모스는 죽은 아들을 생각하며 운다. 아킬레우스는 인간에게는 때로는 좋은 일이, 때로는 나쁜 일이 일어나는 법이라고 말하며 울음을 그치자고 한다.

복수는 복수를 낳는다. 전쟁은 문제를 해결하기보다는 또 다른 원한의 역사를 더할 뿐이다. 아킬레우스는 친구의 복수를 위해 헥토르를 죽인다. 파리스는 형을 죽인 아킬레우스를 활로 쏘아 죽인다. 파리스도 결국 트로이 성이 함락 당할 때 죽고 만다.

아이에게 던지는 질문

• 사람들은 왜 전쟁할까? 전쟁을 일으키면 문제가 해결될

  수 있을까?

• 사람이 모두 죽을 운명이라면, 어떻게 살아야 할까?

• 살아가면서 항상 좋은 일만 있을까? 우리는 어떤 생각으

  로 살아가야 할까?

오디세이아
(호메로스)

원전 읽기

"그대들은 나를 돛대를 고정하는 나무통에 똑바로 세우고 그 자리에서 꼼짝하지 못하도록 밧줄로 묶되, 돛대에 밧줄의 끄트머리를 매시오. 그리고 내가 풀어달라고 애원하거나 명령하거든 그때는 더 많은 밧줄로 나를 꽁꽁 묶으시오"

그사이 잘 만든 우리 배는 재빠르게 세이렌 자매의 섬에 이르렀소.

나는 순서대로 모든 전우의 귀에 밀랍을 발랐소. 그리고 그들은 배 안에서 돛대를 고정하는 나무통에 똑바로 서 있는 나의 손발을 묶었소.

'자! 이리 오세요, 칭찬이 자자한 오디세우스여, 이곳에 배를 세우고 우리 두 자매의 목소리를 들어 보세요. 우리 입에서 나오는 감미롭게 울리는 목소리를 듣지 않고 이곳을 지나간 뱃사람은 아직 아무도 없답니다.

그런 사람은 즐긴 다음 더 유식해져서 돌아가지요. 우리는 넓은 트로이에서 그리스인과 트로이인이 신들의 뜻에 따라 겪은 고통을 모두 알고 있으며, 풍요로운 대지 위에서 일어나는 일은 모르는 것이 없으니까요.'

그들이 이렇게 고운 목소리로 노래하자 나는 듣고 싶었소. 그래서 전우들에게 눈짓으로 풀어달라고 명령했지만, 그들은 몸을 앞으로 구부리며 힘껏 노를 저었소. 그리고 더 많은 밧줄로 나를 더욱 꽁꽁 묶었소. 우리가 배를 몰아 세이렌 자매 앞을 지나가고 그들의 목소리와 노랫소리가 더는 들리지 않자, 사랑하는 전우들은 내가 그들의 귀에 발라준 밀랍을 떼어내고 나도 밧줄에서 풀어주었소. (제12권)

(작가의 이야기)

《오디세이아》는 트로이 전쟁 이후 에티카의 왕 오디세우스가 부하들과 고향으로 돌아가면서 겪는 모험을 노래한 작품이다. 그들은 수많은 신, 괴물들과 마주친다. 그중 세이렌 자매는 신비로운 노래로 뱃사람들을 유혹해 죽음에 이르게 하는, 바다의 님프였다.

오디세우스는 세이렌의 유혹을 원천적으로 차단하기 위해 부하들의 귀를 밀랍으로 막았다. 하지만 자기의 귀는 막지 않왔다. 대신 몸을 꽁꽁 묶고, 혹시라도 자기가 풀어달라고 하면 더 많은 밧줄로 묶어달라고 부하들에게 부탁한다.

오디세우스는 결국 세이렌의 유혹에 넘어간다. 세이렌 자매는 호기심이 많은 오디세우스에게 지식을 과시하고, 유식해질 수 있다는 것을 약속한 것이다. 하지만 충직한 부하들이 오디세우스를 밧줄로 더 세게 묶는다. 그 덕분에 오디세우스는 위기를 모면한다.

인간은 유혹에 약하다. 그 사실을 인정하고 대비해야 한다. 호기심 때문에 유혹에 노출되더라도 자신을 다 잡을 수 있는 장치를 마련해 두어야 하는 것이다.

세이렌의 이야기를 잘 알고 있는 우리 아이는 인형 뽑기 기계와 같은 유혹이 눈앞에 다가오면 '저건 세이렌이야, 귀를 막아야 해'하며 피한다.

유명한 커피 전문점 스타벅스의 로고가 바로 그 세이렌이다.

아이에게 던지는 질문

- 오디세우스는 왜 귀를 막지 않았을까? 그리고 왜 자기를 묶어 달라고 했을까?

- 유혹에 빠지지 않으려면 어떻게 해야 할까?

- 세이렌은 오디세우스에게 왜 자기 지식을 자랑했을까?

2장

발달 장애 아이를 천재로
키운 칼 비테의 교육법

"어린 시절에 내가 했던 공부는 내가 좋아서 스스로 선택한 것입니다."

칼 비테 주니어는 언제나 당당하게 말했다. 흥미와 호기심을 불러일으키는 방식이 칼 비테 교육법의 가장 중요한 특징이다. 그는 아이에게 절대 무엇을 배우라고 간섭하거나 다그치지 않았다. 부모의 시간표대로 아이를 몰아가지 않았고 아들이 스스로 '저 이것을 공부하고 싶어요.'라는 말할 때까지 기다린 것이다.
칼 비테는 마냥 기다리기만 했을까? 그는 아들의 흥미를 불러일으킬 기회를 기다렸다. 다양한 분야에 호기심을 가질 수 있게 하는 방법을 연구했다. 아이를 관찰하고, 일기를 쓰면서 아이디어를 떠올렸다.

부모가 선택해야 할 게 너무도 많다. 누가 모범 답안이라도 가져다줬으면 좋겠다지만 결국 육아에는 정답이 없다. 내 상황과 아이의 특성을 고려해 장단점을 최대한 고민해서 부모가 결정을 잘 내려야 한다. 중요한 것은 부모가 내 아이의 교육에 철학을 갖는 것이다. 단순히 칼 비테의 교육 방법을 따라 하는 것보다 그의 마음가짐과 태도를 배워야 한다.

자녀 교육서의 숲에서
칼 비테를 만나다

"아이의 타고난 잠재력을 온전히 꽃피우게 하려면, 아이와 함께
이 세상의 기쁨과 환희, 신비로움을 새롭게 발견하며, 그 경이로움을
나눌 수 있는 어른이 최소한 한 명은 늘 곁에 있어 주어야 한다."
- 레이첼 카슨(미국의 작가)

육아에 정답은 없다

아이가 태어났다. 너무 기뻤다. 처음 며칠은 문자가 쉴 새 없이
날아왔다. 여기저기서 아기의 탄생을 축복해 주었다. 이게 꿈인지,
생시인지, 내가 아빠가 되다니. 너무 기뻤다. 고물거리는 아이 손을
한참을 잡고 있어도 시간 가는 줄 몰랐다.

아이가 하품하면 그 모습이 어찌나 귀여운지 넋을 잃고 바라보
았다. 어쩌다 너무 조용하면 숨을 쉬지 않는 건 아닌가 싶어 아이 코
앞에 손가락을 대어 보기도 했다. 심장은 제대로 뛰고 있는지 아이
의 가슴에 귀를 몇 번이나 가져갔는지 모른다. 아이는 우리 부부에

게 너무나 큰 선물, 기적이었다. 어떻게든 잘 키우고 싶었다. 우리 부모님들께서 해주셨듯이, 아니 그 이상으로 잘해주고 싶었다. 내가 할 수 있는 것이라면 무엇이든 해주고 싶었다.

처음에는 정신이 없었다. 해야 할 일이 너무 많았다. 아무도 아이가 태어나면 어떻게 해야 한다고 일목요연하게 정리해서 가르쳐준 적이 없었다. 책이나 인터넷에서 어지간히 글을 읽고 준비했다. 하지만, 막상 닥치니 챙겨야 할 것들이 한두 개가 아니었다.

아이와 함께 산후조리원에서 나오는 시점부터 결정 장애 부부에게 시련은 시작되었다. 기저귀부터 어떤 제품을 써야 할지 결정해야 했다. 외국에서 나오는 것이 가성비가 좋다는 말이 있었다. 어디서는 우리나라 유명 브랜드가 좋다는 말도 들렸다. 그런데 가격이 비쌌다. 조금 저렴한 기저귀 사용 후기를 보면 아이 엉덩이가 짓무르기도 한단다.

유모차도 문제였다. 아이와 엄마의 럭셔리함과 권력의 상징. 유모차! 유모차 선택에서 우리 부부의 혼란은 정점을 찍었다. 저렴한 것은 왠지 약해 보였다. 좋아 보이는 것은 너무 고가라 엄두가 나지 않았다. 결국은 아이를 위해 처음 생각했던 것 보다 좀 더 고급스러운 것을 구입했다.

정말 아이를 키우면서 누가 모범 답안이라도 가져다줬으면 좋겠다는 생각이 들었다.

　부모가 선택해야 할 것은 너무도 많았다. 예를 들어 예방접종만 해도 그렇다. 처음에 아이를 낳으면 산부인과에서 수많은 예방접종 리스트를 준다. '이 중에서 이거 이거는 필수고, 저거는 선택이다.' 라고 하면서. 그리고 보건소에서 맞게 할지, 일반 소아청소년과에서 접종할지도 선택하면 된다는 것이다.

　어느 부모가 예방접종이 선택이라고 접종하지 않겠다고 하겠는가. 돈이 얼마나 들어도 '혹시나 있을지도 모를' 상황을 대비해서 모든 접종은 다 할 수밖에 없었다. 그리고 보건소보다는 아무래도 소아청소년과에 가는 것이 유모차의 수준에 걸맞은 처사였다. 상당히 비쌌다.

　이런 과정을 거치면서 나는 육아에는 정답이 없다는 것을 깨달았다. 내 상황과 아이의 특성을 고려해 장단점을 최대한 고민해서 부모가 결정을 잘 내려야 하는 것이다.

자녀 교육서도 가려 읽어야 한다

아이가 조금씩 자라면서 나는 교육에 관심을 기울이기 시작했다. 지나친 조기교육은 아이에게 스트레스를 줘서 부작용이 크다는 생각이 없지는 않았다. 하지만 적절한 시기의 적절한 교육은 아이의 뇌에 자극을 줄 수 있겠다는 판단을 했다.

나는 '서점 깨기'를 시작했다. 좀 더 자세히 말하자면 '서점 자녀 교육 코너 깨기'라고 할 수 있겠다. 강남 교보 문고에 있는 육아, 자녀 교육 코너에 있는 모든 책을 다 섭렵하기로 한 것이다. 물론, 책장에 꽂힌 수많은 책을 처음부터 끝까지 읽는다는 것은 거의 불가능한 일이다. 그래서 일정 정도 이상 수준이 있는 책을 선별하는 작업을 했다.

기본적으로는 제목부터 심각하게 수준 이하인 책을 제외하고는 모든 책을 보겠다는 생각으로 한 권씩 뽑아서 쭉 훑어보았다. 그러면서 중요한 내용은 발췌해서 읽었다. 그 과정을 통해서 책을 세 가지 종류로 구분했다. 사서 볼 책, 서점에서 중요한 부분만 메모하고 끝낼 책, 읽지 않아도 될 책. 일하는 틈틈이 하다 보니 그 작업만 며칠 걸렸다.

그렇게 해서 선정한 책을 아이가 자고 나면 밤늦은 시간까지 닥치는 대로 읽었다. 대부분 저자들이 주장하는 내용은 엇비슷했다.

'아이와 놀이를 해줘라.', '오감을 자극해 줘라.', '말을 많이 걸어 줘라.', '너무 어릴 때는 TV를 많이 보게 하면 안 된다.' 등등.

하지만 저자들이 상반되는 주장을 펼치는 경우도 있었다. 어떤 책에서는 조기교육이나 영재교육을 시키지 않으면 큰일 날 것처럼 주장했다. 그런 책을 읽어보면 아이의 타고난 천재성을 깨우지 못하는 것은 전부 다 부모 책임인 것 같았다. 주로 학자들이 쓴 책에서 그런 인상을 받았다.

반면, 어떤 저자는 조기교육이 아이에게 얼마나 해가 될 수 있는지 이야기했다. 심각해지면 정신과 치료까지도 받아야 한다는 것이다.

누구는 아이를 엄하게 키우라고 했다. 울어도 안아주지도 말고 쳐다보지도 않아야 한단다. 울다 지치면 더 이상 울지 않고 현실을 받아들인단다. 그리고 아이가 독립심이 생긴다는 것이다. 수긍은 갔지만 '그래도 아이가 우는데 안아줘야 하지 않나?' 하는 생각이 들었다.

어떤 이는 애착 육아를 강조하면서 아이가 불편해하면 항상 품에 안고 눈을 맞추고 대화하라고 했다. 그래야 아이의 정서가 안정감 있게 발달한다고 했다. 울 때 어떤 도움을 받지 못한 아이보다는 사랑을 충분히 느끼고 자라는 아이가 자존감이 더 강하다는 것이다.

'후휴… 도대체 어쩌란 말이지?'

결국은 부모의 선택이었다. 그러던 중 잔뜩 사다 놓은 책 중에 칼 비테의 책을 집어 들게 되었다. 칼 비테의 책을 읽으면서 나는 눈앞이 환히 밝아지는 느낌이었다. 그의 주장은 일관적이었고, 그 근거가 명확했다.

그는 분명하게 조기교육을 해야 한다고 주장했다. 그렇지만 우격다짐으로 아이에게 공부를 강요하는 것이 아니라 아이를 철저하게 관찰하고 흥미를 끌어내는 방식으로 공부를 유도했다. 나는 칼 비테의 교육방식이 대단히 합리적이라는 생각이 들었다.

그때부터 그의 책에 나온 여러 가지 '방법'을 아이에게 적용해 보았다. 특히 돌이 되기 전에는 다양한 자극을 주는 것에 힘을 쏟았다. 여러 가지 색이 있는 종이나 완구를 이용해서 아이의 시각을 자극해 주었다. 그리고 음악은 주로 클래식을 들려주면서 아이의 반응을 관찰했다. 틈만 나면 다양한 책을 아이에게 읽어 주었다.

첫째 아이는 어릴 때 특히 클래식에 엄청난 반응을 보였다. 세계적인 지휘자들이 지휘하는 DVD도 시간을 정해 두고 보여주었다. 아이는 걸을 때쯤에 지휘봉을 들고 무아지경으로 지휘자들의 지휘를 따라 했다. 심지어 그들의 표정까지도. 가족들과 지인들은 아이의 그런 모습을 보면서 나중에 지휘자나 음악가가 될 것 같다는 이야기를 많이 했다.

그런데 아쉽게도 내가 한창 일이 많은 시기에 아이에 대한 관심이 지속되지 못했던 것 같다. 물론 첫째 아이는 지금 누구보다 행복한 아이로 자라고 있다고 자부한다. 하지만 내가 좀 더 교육을 지속했더라면 어릴 때 보였던 음악적 재능을 더 키워 줄 수 있지 않았을까 하는 아쉬움이 있다.

이제부터 칼 비테의 자녀 교육의 핵심 비법과 이것을 내가 아이들에게 응용해서 적용해 본 사례를 이야기하려고 한다. 칼 비테가 제시한 '방법'은 예시적으로 몇 개 되지 않는다. 게다가 그것은 TV도, 스마트 폰도 없던 200년 전의 방식이다.

중요한 것은 부모가 내 아이의 교육에 철학을 갖는 것이다. 단순히 칼 비테의 교육 '방법'을 따라 하는 것보다는 그의 '마음가짐과 태도'를 배워야 한다. 그렇게만 된다면 나는 이 책을 쓴 보람을 충분히 느낄 수 있을 것 같다.

칼 비테의 교육 원칙
8가지

"열정도 흥미도 적절히 쉬어가는 요령을 알아야
오래 지속시킬 수 있다."

- 칼 비테(독일의 교육학자)

칼 비테는 아들에게 공부만 시킨 것은 아니다. 신체적으로, 정신적으로 성숙한 사람이 되는 것을 가장 중요하게 생각했다. 하지만 그가 유명해지고 그의 교육법이 지금까지도 전해지게 된 것은 아들의 학업 성취도가 뛰어났기 때문이다.

칼 비테 주니어는 13세에 최연소 박사 학위를 받은 것으로 기네스북에 오를 정도로 학습 능력이 탁월했다. 칼 비테는 아들이 어떻게 공부하도록 이끌었을까? 그는 어떤 마음가짐으로 교육을 가르쳤을까? 8가지 핵심 원칙을 살펴보자.

1. 절대 서두르지 말고,
아이의 흥미를 불러일으켜라

부모들은 항상 조급하다. '옆 동에 누구네 아이는 영어 말하기 대회에 나가서 금상을 받았다는데, 우리 애는 영어학원 시험에서도 50점밖에 못 받았는데 어쩌지?', '친구네 아이는 벌써 구구단을 다 외웠다는데, 우리 애는 아직 덧셈과 뺄셈도 못 하고 있어서 큰일이야.'

"어린 시절에 내가 했던 공부는 내가 좋아서 스스로 선택한 것입니다." 칼 비테 주니어는 언제나 당당하게 말했다. 흥미와 호기심을 불러일으키는 방식이 칼 비테 교육법의 가장 중요한 특징이다. 그는 아이에게 절대 무엇을 배우라고 간섭하거나 다그치지 않았다. 부모의 시간표대로 아이를 몰아가지 않았다. 아들이 스스로 '저 이것을 공부하고 싶어요.'라는 말을 할 때까지 기다린 것이다.

칼 비테는 마냥 기다리기만 했을까? 그는 아들의 흥미를 불러일으킬 기회를 기다렸다. 다양한 분야에 호기심을 가질 수 있게 하는 방법을 연구했다. 아이를 관찰하고, 일기를 쓰면서 아이디어를 떠올렸다.

2. 휴식을 통해 열정과
흥미를 지속시켜라

한 번쯤 '멍때리기' 대회를 들어보았을 것이다. 2014년 처음 열린 이 대회의 취지는 뇌를 잠깐 쉬게 하면서 창의적이고 번뜩이는 아이디어를 떠올리는 시간을 갖자는 것이다.

잭 웰치 전 GE CEO는 아이디어를 떠올리기 위해 하루에 한 시간 정도는 의도적으로 멍때리는 시간을 가졌다고 한다. 고대 그리스 철학자 아르키메데스는 왕에게 자기 왕관이 순금으로 된 것인지 확인해 달라는 과제를 받았다. 그는 한동안 문제를 해결할 실마리를 찾지 못했다. 목욕탕에서 멍때리다가 불현듯 부력의 원리를 깨닫고 '유레카'를 외치며 벌거벗고 거리로 뛰어나갔다.

뇌의 여백은 우리 산수화의 그것처럼 영감을 불러일으킨다.

칼 비테는 아이를 처음에 책상 앞에서 공부시킬 때 20분을 넘기지 않았다. 20분을 넘기면 반드시 쉬는 시간을 갖게 했다.

3. 휴식과 공부를
리듬감 있게 병행하라

공부해야 할 것이 많다고 계속 앉아만 있으면 효율이 오르지 않는다. 공부에도 리듬이 필요하다. 완급 조절을 해야 한다는 말이다. 오케스트라의 지휘자를 보면 강하게 몰아쳐야 할 부분에서는 동작이 크고 강해지면서 표정까지 변한다. 반면에 부드럽게 가야 할 부분에서는 지휘봉마저 거의 움직이지 않는다. 그들은 완급 조절에 능숙하다.

칼 비테 주니어의 하루 공부 시간은 세 시간을 넘지 않았다. 그리고 한 번에 공부하는 시간도 30분을 넘기지 않았다. 20~30분을 공부하고 나서는 휴식 시간을 가졌다. 휴식은 10분을 넘기지 않았다. 왜냐하면 너무 오랫동안 쉬면 뇌의 긴장 상태가 완전히 풀어져서 다시 집중 상태로 되는 데까지 긴 시간이 걸리기 때문이다.

내 아이의 공부 시간을 리드미컬하게 관리해 보자. 경험적으로는 25분 공부, 7~8분 휴식 정도가 효과적이다. 공부할 때는 집중력을 극대화할 수 있도록 "여기까지 읽어보자."라는 식으로 과제를 주는 것이 좋다.

4. 학습 시간을 늘리기보다는 집중적으로 공부하게 하라

칼 비테는 아이의 나이를 생각하지 않고 공부 시간만 늘리는 것은 아이에게 스트레스일 뿐이라고 생각했다. 그래서 아들이 오랫동안 책상에 앉아 있을 수 있을 만큼 자란 후에도 하루에 공부 시간은 두세 시간 정도로 제한했다. 뇌가 힘들 때 공부하느라 앉아 있지 말고 집중적으로 시간을 활용하게 한 것이다.

"내 아들은 여섯 살까지 책상을 전혀 몰랐다. 그 후에는 날마다 15~45분간 책상에 앉아 있었고 열 살까지는 방보다 밖에서 더 많이 지냈다."

5. 잘 노는 아이가 공부도 잘한다

학창 시절 나는 토요일에는 무슨 일이 있어도 놀았다. 노는 방식은 그날 마음 가는 대로였다. 하루 종일 TV를 보거나 친구들과 농구하거나 오락실을 가서 신나게 게임을 했다. 토요일의 일탈(?)은 나에게 확실히 에너지를 충전하는 시간을 주었다.

그렇게 신나게 놀고 일요일 아침에 눈을 뜨면 해야 할 일이 머리에 그려지면서 바로 공부에 몰입할 수 있었다. 일종의 죄책감 때문에라도 더 열심히 공부했다.

놀 때는 확실히 놀아야 한다. 그래야 스트레스를 풀고 기분이 좋은 상태로 공부에 몰입할 수 있다.

6. 내 아이를 세심하게 배려해라

아이가 문을 열고 들어간다. 한쪽 벽에는 커다란 책장이 자리 잡고 있다. 아이보다 큰 책장에는 아버지가 엄선한 책들이 가지런히 꽂혀 있다. 책들은 분야별로 잘 정리되어 있어서 아이 혼자서도 쉽게 찾아볼 수 있다. 칼 비테 주니어는 탄성을 질렀다.

얼마 전에 백화점에서 여기저기 둘러보다가 높이 조절 책상을 발견했다. '우리 아들도 사줘 볼까?' 하는 생각에 구경하러 갔다가 가격을 보고 깜짝 놀랐다. 수십만 원을 호가하는 것이다. 게다가 의자는 별도 구매다. 심지어 의자 가격이 더 비싸다.

형편이 괜찮으면 아이에게 좋은 책상과 의자를 사주는 것도 좋을 것이다. 하지만, 그것보다는 아이가 원하는 것을 세심하게 배려하는 마음이 더 중요하다. 부모의 정성이 가득한 공부방을 마련해 주는 것은 어떨까?

7. 책을 읽을 때는
반복 암기법을 활용하라

책을 읽을 때는 숲을 먼저 보고 나무를 보는 것이 효과적이다. 속독 후 정독이라고 할 수 있다. 처음에 볼 때는 빠르게 전체적인 뼈대를 그리고 핵심을 파악한다. 이후에는 꼼꼼하게 생각하며 읽어 나간다.

칼 비테는 아들에게 반복 암기법을 전수했다. 우선 전체 내용을 속독으로 한 번 보고 나서 두 번째 볼 때는 자세히 읽어 나가는 것이다. 그러면 글자 하나하나에 집착하지 않고 흥미를 유지하면서 책을 읽을 수 있다.

8. 교차 학습법을
적절히 활용하라

교차 학습법이란 공부하는 내용과 과목을 적절하게 바꿔서 학습하는 것을 말한다. 이 또한 흥미를 극대화하는 방법이다. 영어 공부를 하다가 좀 지친다 싶으면 영어는 잠시 뒤로 미루고 평소에 좋아하는 과목을 공부한다. 그렇게 10분쯤 머리를 맑히다가 다시 영어 공부로 돌아오는 식이다.

칼 비테의 교육 원칙을 보면 사람의 속성을 잘 파악하고 있다는 생각이 든다. 흥미를 끌어내고, 적절한 완급 조절로 집중력을 극대화했다. 나는 이 8가지 원칙을 내 아이에게 적용해 보았다. 특히 휴식과 공부 주기를 리듬감 있게 조절하면서 아이의 집중력이 향상되는 것을 알 수 있었다.

이런 '방법'도 중요하다. 하지만 더 중요한 것은 어떻게 우리 아이의 특성에 맞게 적용할 것인지를 고민하고 아이를 배려하는 부모의 '태도'라는 것을 다시 한번 기억하자.

아이의 올바른 인성을
길러 주어라

"교육의 위대한 목표는 앎이 아니라 행동이다."

- 하버트 스펜서(영국의 철학자)

인성 교육은 말로만
해선 되지 않는다

1990년대 포항의 죽도 시장. 한 할머니가 머리에 마치 거대한 양산 같은 소쿠리를 지고 위태롭게 걸어간다. 소쿠리는 말린 생선들로 가득하다. 수산 시장답게 생선 비린내가 여기저기 진동한다. 시장판은 얼굴이 새까맣게 탄 상인들과 장을 보러 온 사람들로 가득하다. 오토바이를 탄 사내들이 곡예 하듯이 비좁은 사람들 사이를 지나간다. 오토바이 경적 소리에, 여기저기 흥정하는 고함소리에 정신이 혼미하다.

"할머니 머리에 짐 이리 주세요. 성훈아, 어서 도와드려라."

"네, 할머니 이리 주세요."

"아이고 아이시더, 어린 아가 고맙구로. 어무이가 마음씨가 고우니께 아들도 곱네."

"어서 주세요. 어디까지 가세요?"

내가 초등학교에 다닐 당시에는 대형 마트가 발달해 있지 않았다. 그래서 물건을 많이 사려고 할 때는 큰마음 먹고 먼 거리에 있는 시장을 다녀와야 했다. 시장은 우리 집과 꽤 거리가 있어 버스를 타고 다녔다. 어머니는 나를 자주 시장에 데리고 다니셨다.

시장에서 이것저것 사다 보면 짐이 많아진다. 이것을 어머니 혼자 들고 다니시기는 힘들었다. 어머니께서는 안면이 있는 사람들에게 아들 인사를 시키시면서 든든하게 생각하셨던 것 같다. 나도 시장에 가면 구경할 것도 많았기 때문에 군말 없이 잘 따라나섰다. 어머니를 도와드려야 된다는 생각도 컸다.

시장을 다니다 보면 특히 연로하신 할머니들이 혼자 장을 보거나 물건을 팔러 나오는 경우가 많았다. 어머니는 마음이 따뜻한 분이다. 하워드 가드너의 다중 지능 이론을 따른다면 대인관계 지능이 상당히 뛰어난 것이다. 도움이 필요한 분들을 보면 그냥 지나치지 않고 도와주셨다. 어릴 때부터 그런 모습을 보면서 나도 자연스레 도움이 필요한 사람은 당연히 도와드려야 한다는 마음을 갖게 되었다.

칼 비테는 아들의 인성 교육에 많은 신경을 썼다. 그 방법은 아들이 직접 사랑을 실천하는 체험을 하게 해주는 것이었다. 칼 비테 주니어가 세 살 때, (아마 우리 나이로는 네 살이었을 것이다) 그의 가족들은 한 노인의 집을 찾았다. 그 노인은 형제들과 아들을 모두 잃었는데, 3일 전에는 아내마저 세상을 떠났다.

목사였던 칼 비테는 혹시라도 노인이 잘못된 선택을 할까 봐 가족과 함께 노인의 집을 찾은 것이다. 그리고 그는 노인이 꽃을 좋아한다는 것을 알고 아들과 함께 집 마당에 화원을 만들고 예쁜 장미를 심었다. 그리고 아들을 한동안 노인과 함께 남아 이야기를 나누도록 했다. 그들은 장미 화원을 꽤 그럴듯하게 만들었던 모양이다. 노인의 집에 장미꽃을 보기 위해 손님들이 몰려오면서 노인은 더 이상 외로워하지 않았다.

"얘야, 네가 아니었다면 난 벌써 이 세상 사람이 아니었을지도 몰라. 넌 참 착한 아이구나."

노인의 이 한마디가 아이에게 얼마나 큰 영향을 주었을까.

인성 교육은 '이래라저래라.' 도덕책을 읊어 주듯이 해서는 되지 않는다. 스스로 선행을 하는 체험을 통해서 느껴야 한다. 나는 내 아이들이 남의 어려움과 아픔을 함께 느끼고, 힘들어하는 사람들을 잘 도와주기를 바란다.

한 번은 더운 여름에 아들과 길을 가다가 폐지를 모으는 어르신을 보았다. 어르신은 리어카에 폐지를 싣고 가고 있었다. 그런데 폐지의 양이 상당히 많았다. 리어카를 가득 채울 정도였다. 어르신은 리어카를 한참 끌고 가다가 경사진 길이 나오자 조금 망설이는 기색이었다.

드디어 '으쌰~' 하고 힘을 내어 올라가기 시작하셨다. 아무리 봐도 위태로웠다. 나는 도와드려야겠다고 생각하고 아이에게 어서 가자고 했다. 그리고 리어카 뒤에서 밀어 드렸다. 아들도 한쪽에 붙어서 열심히 밀었다. 어르신은 고맙다고 인사하고 멀어진 뒤에 나는 아이에게 물었다.

"어때? 힘들었어?", "조금 힘들었어."

"기분이 어때?", "좋아."

나는 아이의 단답형 대답은 풀어서 들어야 직성이 풀린다. 특히 그것이 감정과 관련된 것이라면 그 느낌을 표현할 수 있도록 한다. 그래서 더 물어보았다.

"어떤 점이 좋았어?"

"내가 누군가를 도울 수 있다는 게 좋아. 그리고 힘든 사람은 도와줘야 하는데 이렇게 해보니까 왜 그런지 알겠어."

이 경험을 통해 아이는 도움을 주는 것 자체가 남을 위한 것이기도 하지만, 스스로 얼마나 뿌듯해지는 것인지를 느낄 수 있었다. 우리 아들은 다른 사람에게 도움을 주어야 할 일이 있을 때는 "도와드려야 되는 거 아니야?"라고 적극적으로 도움을 주려고 한다.

생명을 존중하는 마음은 교육을 통해 기를 수 있다

"한 나라의 수준을 알려면 그 나라의 동물들이 어떻게 대우받느냐를 보라." 간디의 말이다. 생명을 존중하는 마음은 너무나 중요하다. 인디언들은 사냥감에 활시위를 겨누면서 동물들을 위해 기도한다고 한다. '내 아이들이 배가 고파 울고 있다. 네 고기가 필요하니 용서해 달라.'고. 인디언들은 어릴 때부터 동물 해부학을 공부한다. 최대한 고통 없이 죽일 방법을 익히는 것이다.

대학 시절, 어느 날 충격적인 장면을 봤다. 한 친구가 개미들을 별 이유도 없이 밟아서 짓이겨 죽이는 것이었다. 신발을 바닥에 꾹 눌러 끌 때마다 개미들의 몸이 해체되면서 죽어 나갔다. 벌써 수십 마리다. 소리도 못 지르고 이유도 모른 채 사라지는 생명들이 안쓰러웠다. 왜 죽이냐고 물어보니 '그냥'이란다. 그냥 생명을 죽이다니…. 한동안 그 사건은 무겁게 내 가슴을 눌렀다.

그런데 몇 년 전 그 장면이 재현됐다. 네 살 난 아들이 내 눈앞에서 개미를 밟고 있었다. 나는 아이에게 당장 그만두라고 이야기했다.

"왜 개미를 밟아서 죽이고 있어? 개미가 아프지 않겠니?"

"친구들도 다 이렇게 하던데."

"절대 그러면 안 돼. 모든 생명은 다 소중해. 개미 입장에서 생각해봐. 개미는 아침에 먹이를 구하러 나왔다가 너한테 이렇게 밟혀 죽으면 마음이 좋겠어, 안 좋겠어?"

"안 좋겠어…. 그런데 개미도 마음이 있어?"

"그럼, 모든 생명은 다 마음이 있어. 개미들한테 미안하다고 해야 하지 않겠니?"

"알았어, 아빠. 미안해 얘들아. 내가 잘 몰랐어. 미안해."

아들은 나에게 한 번 크게 혼난 뒤로는 절대 생명을 쉽게 죽이지 않는다. 파리나 모기 같은 해충을 없애야 할 경우에도 꼭 물어보고 죽이거나 쫓아낸다. 그리고 이렇게 말한다.

"모기야 미안해. 우리 동생이 너한테 물리면 아프잖아."

요즈음은 아이들을 학교에 보내기가 무섭다. 청소년들의 무시무시한 범죄 사례가 심심치 않게 들려오기 때문이다. 최근에는 여러 명의 학생이 한 여고생을 산으로 끌고 가 각목과 손, 발로 몇 시간이나 폭행한 사건도 있었다. 가해 학생들은 반성은커녕 '그냥 감옥에 들어가 살겠다.'라고 이야기한단다.

사람이 그렇게 많이 맞으면 아프고, 심지어는 죽을지도 모른다는 것을 알지 못하는 것일까? 머리가 문제가 아니다. 가슴이 문제다. 머리로는 아플 수 있겠다고 생각하겠지만, 가슴으로 느끼지 못하는 것이다. 역지사지(易地思之)는 가슴의 문제다. 어릴 때부터 교육을 통해 길러야 한다.

아이들에게 올바른 인성을 길러 주자. 인성이 갖추어지지 않은 인간은 재앙일 뿐이다.

아이와 함께하는
놀이

"어린 시절이 행복한 사람이 평생 행복하다."

- 토머스 풀러(영국의 역사학자)

아이에게 필요한 교구는
부모가 직접 만들어 보자

첫째 아이가 세 살 무렵, 나에게는 작은 고민이 생겼다. 아이가 도통 셈에 관심이 없는 것이다. 그리고 돈이 무엇인지, 돈을 주고받으면서 계산은 어떻게 하는 것인지, 잘 이해를 하지 못했다. 물론 그 나이에 돈을 셈하는 것은 무리다. 하지만 최소한 흥미는 갖게 해야겠다는 생각이 들었다.

나는 레이저 프린터를 구입했다. 프린터 자체는 비싸지 않았지만, 안에 들어가는 컬러 잉크가 생각보다 비쌌다. 프린터를 구입한

데는 몇 가지 목적이 있었지만, 그중 가장 중요한 이유는 돈을 찍어 내기 위해서였다.

물론 집에서 위조지폐를 만든 것은 아니다. 아이에게 경제관념을 심어 주기 위해서, 물건을 사고파는 것이 어떤 것인지 교육하기 위해서 가짜 돈을 만들었다.

"자, 잘 봐~ 아빠가 물건을 파는 사람이야. 너는 이 중에서 뭘 갖고 싶지?"

"커다란 로봇, 그리고 저기 무선으로 조종하는 자동차."

"그래? 그럼, 여기 돈을 가지고 와서 아빠한테 줘야 하는 거야. 이 돈이 제일 비싸고 좋은 걸 살 수 있는 거야. 그다음은 이것, 이것…. 준비됐어? 좋아 그러면 시작하자."

한동안 놀고 나서는 역할을 바꾸기도 했다. 아이가 좋아하는 장난감을 사고파는 놀이를 하면서 아이는 숫자에 대한 감각을 익혔다. 하지만 한두 번 놀이한다고 완벽하게 덧셈과 뺄셈을 익힐 수는 없다. 내 목적은 흥미를 끌어내는 것이었다. 아이가 엉터리로 계산하더라도 나무라지 않고 재미있게 놀이를 이끌어 가는 데 집중했다.

나는 아들이 초등학교에 들어간 지금도 문제집을 풀다가 모른다고 하는 것이 있으면 실생활에서 예를 들거나 집에 있는 모형으로 실제 보여준다. 최대한 생활과 연결하고 흥미를 끌어낼 수 있는 방식으로 이야기해 준다. 아들은 수학보다는 스토리텔링과 책 읽기에 더 관심이 많다. 하지만, 수학에도 흥미를 잃지 않고 매일매일 공부를 하고 있다.

흥미를 불러일으키는 놀이를 부모가 직접 개발해 보자

칼 비테는 여러 가지 놀이를 통해 아이의 흥미를 불러일으켰다. 무엇이든 즐기면서 자연스럽게 터득할 수 있도록 유도했다. 요즘은 수많은 교구와 교육용 카드가 쏟아져 나온다. 부모들은 그중에서 마음에 드는 것을 고르면 된다. 하지만 200년 전 독일 시골에서는 그럴 수 있는 상황이 아니었다. 칼 비테는 필요에 따라 스스로 교구를 만들었다.

교구라고 해서 거창한 것은 아니다. 색이 있는 카드에 단어를 쓰는 것만으로도 충분하다. 칼 비테는 아들의 단어 교육을 위해서 카드를 만들었다. 그런데 이 카드는 단어의 '느낌'을 표현하기 위해 색과 단어의 조합까지 생각했다. 예를 들어 빨간색이면 '열정', 초록색이면 '봄' 이런 식이다.

나도 아이들과의 놀이를 위해 카드를 즐겨 사용하고 있다. 처음에는 간단한 방식으로 게임을 하고, 아이의 지능 발달에 따라 난이도를 올리고 있다. 내가 주로 하는 방법을 소개한다. 어렵지 않고 누구나 따라 할 수 있는 방법이다.

먼저 아직 말을 못 하는 아이에게는 손가락으로 색이나 사물을 구분하게 한다. 색종이를 아이에게 보여주고 무슨 색인지 하나하나 알려준다. 그렇게 몇 장을 알려준 다음에 "빨간색은 어떤 거지?" 하는 식으로 손가락으로 가리키게 한다. 처음에는 세 장 정도로 시작해서 점차 수를 늘리면 된다. 시중에 나와 있는 동물이나 사물 카드를 활용할 수도 있다.

아이가 말을 시작하면 카드에 나온 동물이나 사물의 이름을 가르쳐 주고 따라 해보게 한다. 그 뒤에 그림만 보고 다시 말하게 해본다. "이게 뭐지?" 이런 훈련을 통해 사물을 구분하는 능력, 기억력, 정확하게 발음하는 능력을 키울 수 있다.

카드놀이의 활용 방법은 무궁무진하다. 색깔이나 동물 대신 국가의 수도, 영어 단어, 한글, 알파벳 등 무한 확장이 가능하다.

조금 난이도가 높은 카드놀이를 보자. 카드를 몇 장 깔아 둔다.

그리고 10~20초 정도 시간을 주고 외워 보게 한다. 눈을 잠깐 감게 한 뒤에 한 장을 치운다. 다시 눈을 뜬 아이에게 어떤 카드가 없어졌는지 이야기해 보게 한다. 그리고 반대로 이제 아이에게 문제를 내게 해본다. 이런 카드놀이는 집중력과 암기력 훈련에 좋다.

아이가 초등학교 갈 정도 나이가 되면 조금 어려운 카드놀이를 활용할 수 있다. 나는 아이의 영어 공부를, 아이들을 대상으로 나온 애니메이션을 보면서 시키고 있다. 최대한 재미있게 영어를 배우게 하려는 의도다.

영화의 특정 대사를 들려주고 아이가 정확하게 따라 할 때까지 반복한다. 그러는 중에 집중력을 잃으면 학습과 관계없이 영화를 쭉 보여준다. 잠시 쉬었다가 다시 문장 공부로 돌아와서 반복한다.

그 과정에서 모르는 단어가 나오면 카드 한쪽 면에 적는다. 그리고 반대편에는 우리가 함께 듣고 따라 했던 영어 문장을 적는다. 이렇게 카드가 다섯 장 정도 모이면 이제 배틀을 시작한다. 한 명이 술래가 되어 맞춰야 한다. 술래가 아닌 사람이 단어가 적힌 면을 보여주면 만화영화에서 나왔던 문장을 말해야 한다. 술래가 맞춘 문제 수에 따라 다시 술래를 결정한다. 사실 나는 이 게임에서 아들에게 거의 진다.

문장을 통째로 외워야 하므로 난이도가 높다. 하지만 아이가 만화영화 속에서 본 단어와 문장을 익히는 데 좋은 방법이다. 이 방식으로 아들은 〈겨울 왕국〉의 주요 대사를 외우고 있다. 다른 데서 우연히 카드놀이로 익힌 영어 단어를 들어도 외웠던 문장을 줄줄 읊기도 한다. 이 방식은 영어 외에 구구단, 한자성어 등 다른 학습에도 응용할 수 있다.

놀이는 재미있어야 한다

한 가지 명심해야 할 놀이의 규칙이 있다. '놀이는 재미있어야 한다.'는 것이다. 부모의 욕심에 아이가 잘한다고 질릴 때까지 하면 안 된다. 왜 그걸 모르냐고 질책해서도 안 된다. 너무 오래 하면 절대 안 된다. 특히 중급 이상의 카드놀이는 머리를 많이 써야 하므로 장시간 하면 아이가 싫증을 낸다. 그 결과 다음에는 아이가 '놀이'를 '공부'로 인식하게 되고 되돌리기 어렵다.

나는 칼 비테의 기억력 훈련 놀이를 응용해서 아이와 종종 하고 있다. 특정 구간을 지정해서 아이에게 관찰하게 한 뒤에 거기 있었던 사물이 무엇인지 확인하는 방식이다. 길을 걷다가 갑자기 놀이는 시작된다.

"이제부터 기억력 문제 아빠가 먼저 낸다. 여기서부터 저기 가로 등까지 가면서 잘 살펴봐."

아이의 눈이 초롱초롱해진다. '이번에야말로 이기고 말겠다.'라는 결의가 보인다.

"다 왔네. 이제 문제 나갑니다. 1번, 오는 길에 검은색 개가 똥을 누었다."

"하하하. 그냥 노란색 개가 지나갔잖아."

보통 다 맞추기는 쉽지 않다. 무슨 문제가 나올지 알 수 없기 때문이다. 하지만, 이 게임을 하면서 아이와 한참 웃게 된다. 그리고 역할을 바꿔서 하다 보면 나도 관찰력과 기억력이 더 좋아지는 것 같다.

아이들과 자주 하는 놀이 중에 그림 그리기를 빼놓을 수 없다. 단, 그림 그릴 때는 되도록 전지처럼 큰 종이를 사용할 것을 권한다. 아이가 그림을 그리는 종이의 크기가 상상력의 크기다. 종이가 작으면 상상의 나래를 펼치다가도 쭈그러든다.

그림은 아이와 함께 그리는 것을 추천한다. '이 부분을 완성해 볼래?', '여긴 뭐가 있으면 좋을까?', '아기 돼지 삼형제에 나온 늑대를 닮았네.' 이런 식으로 자극을 주면 재미있게 놀 수 있다.

다시 한번 강조하지만, 놀이는 재미있어야 한다. 놀이할 때는 가르치려고 하면 안 된다. 그리고 아이를 나와 동등한 인격체로 생각해야 한다. 카드로 글을 가르칠 때 일부러 모른 척하는 연기를 하자. 아이가 부모를 수준이 비슷한 친구처럼 여길 수 있게 해주면 충분히 흥미를 이끌어 내면서 놀 수 있다.

자연은 최고의
선생님이다

"자연은 인간의 가장 훌륭한 교사이다."
- 윌리엄 워즈워스(영국의 시인)

자연 속에서 아이의
잠재력이 깨어난다

1873년 4월, 해발 2천 미터에 위치한 히말라야의 작은 마을 달하우지. 열두 살의 어린 소년이 쇠못이 박힌 지팡이를 들고 산을 오른다. 히말라야의 신비로운 산들이 눈에 덮인 채 사방에 솟아올라 있다. 협곡에는 거대한 삼나무들이 빽빽하게 들어서 있다. 그 사이로 맑은 개울이 미끄러지듯 흘러간다.

아이는 어느 광경 하나라도 놓치고 싶지 않다. 말로는 다 형용할 수 없는 대자연의 아름다움을 가슴에 그대로 담고 싶다. 산책이 끝나면 아버지와 산스크리트어와 영어 공부를 한다. 〈우파니샤드〉도 빠질 수 없다. 아이는 히말라야의 눈이 녹아내린 물로 목욕을 하면서 공부에 지친 머리를 식힌다.

밤이면 쏟아지는 별빛 속에서 아버지와 대화한다. 날 것 그대로의 온전한 대자연은 최고의 선생님이고 살아 있는 학교다.

아이는 이 4개월간의 아버지와의 여행을 잊지 못한다. 소년은 14세에 장편 서사시를 발표한 것을 시작으로 수많은 시, 소설, 노래 등을 발표했다. 그리고 인도의 시인, 사상가, 철학자 그리고 예술가로 성장했다. 시집 《기탄잘리》로 아시아 최초의 노벨 문학상 수상자가 된 인도의 타고르 이야기이다.

타고르가 자라던 시기는 영국이 인도를 지배하던 때였다. 타고르는 일곱 살에 시를 쓰는 남다른 재능을 보여 가족의 기대를 한 몸에 받았다. 그렇지만 영국인들이 가르치는 학교에 적응하지 못했다. 아버지는 억지로 학교에 적응시키는 대신 아들을 데리고 4개월간 히말라야 여행을 가기로 결단을 내린다.

타고르는 아버지와의 이 여행에서 대자연의 경이로움뿐 아니라, 아버지의 지식에의 열정, 종교에 대한 이해, 그리고 인간에 대한 배려를 모두 배웠다고 한다. 이 소중한 체험이 그의 문학적 잠재력을 깨워 주지 않았을까?

칼 비테는 아들과 자연을 자주 접하면서 자연과 동식물, 역사 등에 대해 해박한 지식을 갖게 했다. 그는 산책 중에 아이의 호기심을 끊임없이 자극했다. 지나가다가 처음 보는 꽃을 보면 하나하나 손으로 뜯어, 어떻게 생겼는지 보여주고, 그 꽃에 관해 설명해 주는 식이다.

칼 비테는 아들이 여섯 살 때 6주간 드레스덴으로 여행을 갔다. 거기서 수많은 미술 작품을 감상하는 기회를 가졌다. 그리고 여행 가이드까지 고용해서 아름다운 풍경을 구경했다.

칼 비테 주니어는 독립하고 나서도 자연 속에서 도보 여행을 즐겼다. 한 번은 북이탈리아와 스위스 간 장거리 도보여행으로 아버지를 놀라게 했다.

우리 아이들은 모두 아토피 증상이 있다. 알레르기 체질을 타고나서인 것 같다. 특히 첫째 아이는 세 돌이 될 때까지 아토피가 너무 심해 육아의 난이도가 일반적인 경우에 비해 몇 배는 높았다. 아이는 깨어 있는 내내 온몸을 긁었다. 온몸에 손톱자국이 나고 피가 흐르고 진물이 생겼다.

우리 부부는 아이의 손에 양말을 씌워 긁지 못하게 했다. 그리고 아토피에 좋다는 약이란 약은 다 사서 발라 봐도 좀처럼 낫지 않았다. 한약도 증세의 진정에 어느 정도 도움은 되었다. 하지만 당장 큰 효과는 볼 수 없었다.

아토피가 있는 아이를 키워 본 부모는 알 것이다. 아토피의 진정한 무서움은 밤에 느낄 수 있다. 잠을 자다가도 시도 때도 없이 깨서 온몸을 긁고 울어 댄다.

나는 몇 번 이사하다가 산이 가까이 있는 공기 좋은 곳에 자리를 잡았다. 아이들에게 조금이라도 맑은 공기를 마실 수 있는 환경을 마련해 주고 싶었다. 산책하기에 좋겠다는 생각도 있었다. 신기하게도 산 가까이 이사하고 나서는 아토피 증상이 눈에 띄게 좋아졌다.

자연 속에는 호기심을 자극하는 소재가 무궁무진하다

"자, 이제 아빠랑 산책하러 가자.",
"와~ 산책이다."

우리 아이들은 나와의 산책 시간을 좋아한다. 주로 주말이나 평일에 내가 좀 일찍 집에 돌아오는 날 함께 가는 편이다. 집 주변을 느릿느릿 걷기도 하고, 집 근처의 호수 공원을 몇 바퀴 돌아보기도 한다. 밖에 나가면 아이들은 내 손을 꼭 잡고 걷는다. 그 느낌이 너무 좋아서 내가 자주 산책하려고 하는지도 모른다.

자연 속에는 아이들의 흥미를 끌 만한 소재가 널려 있다. 땅에는 개미, 쥐며느리 등 많은 곤충을 관찰할 수 있다. 나뭇가지 사이로 새들이 지저귀며 날아다니는 것도 신기한 구경거리다. 벌이 날아오면 아이들이 놀라서 난리가 난다. 나는 가만히 있으면 벌들은 우리를 해치지 않는다고 이야기 해준다. 경계심을 풀지 않는 고양이의 눈빛은 조금 무섭다. 아이들은 내 가랑이를 잡고 뒤에 숨어서도 호기심 어린 눈으로 고양이를 관찰한다.

"아빠, 여기 와 봐. 개미들이 지렁이를 옮기고 있어."

"와, 그렇구나. 지렁이가 죽어서 개미들이 먹으려고 집으로 옮기려나 보네. 그런데 이렇게 작은 개미가 어떻게 저 큰 지렁이를 옮길 수 있을까?"

"개미들이 서로 힘을 합치니까 그렇지. 아빠는 그것도 몰라?"

"그렇구나, 힘을 합치는 게 중요하다는 건 어제 본 책에 있었던 것 같은데?"

"아 맞아. 어제 책에서 형제들이 사이좋게 지내지 않으니까, 아빠가 나뭇가지 여러 개를 주면서 꺾어 보라고 했어. 힘을 합치고 사이좋게 지내면 어려움을 이겨낼 수 있어."

주변에 산이 있으니,
새소리도 자주 들린다.

"아빠 그런데 왜 새들은 저렇게 우는 거야?"

"새들도 자기들끼리 하는 말이 있지. 저 소리가 우는 것처럼 들리지만, 이야기 하는 거야."

"그런데 왜 우리는 새들이 말하는 걸 못 알아들어?"

"네가 한번 생각해 봐. 왜 그럴까?"

"음…. 아, 알겠다. 우리가 외국 사람이 말하면 무슨 말인지 모르는 것처럼 우리가 새들이 하는 말을 못 알아듣는 거야."

아이들은 움직이는 동물이나 벌레에는 말하지 않아도 흥미를 갖는다. 하지만 풀이나 꽃들에는 관심이 적은 편이다. 나는 의도적으로 식물로 관심을 돌리는 경우가 있다.

"여기 좀 와 봐. 이 꽃 예쁘지?"

"그런데 이 꽃은 왜 이렇게 작아?"

"어디, 아빠랑 한 번 자세히 볼까? 꽃아 미안해. 아이들한테 너희들 좀 보여줄게."

나는 꽃을 꺾어서 꽃잎을 하나하나 뜯어낸다.

"이게 꽃잎이야. 우리가 주로 보는 부분이야. 그리고 이 꽃잎 수는 종류마다 달라. 그리고 이렇게 뜯어서 안에 보면 암술과 수술이 라는 게 있어. 엄마, 아빠가 만나는 것처럼 이 둘이 만나야 열매가 생기고 그 안에 씨가 생겨. 그리고 꽃들이 계속 살아가는 거야."

아이들과 산책하러 가서 자연을 관찰하면 감탄과 질문이 꼬리 에 꼬리를 물고 이어져 시간 가는 줄 모른다. 매일 비슷한 광경을 보 더라도 오늘은 어떤 것을 이야기해야겠다고 미리 준비하고 대화를 유도하면 많은 자극을 줄 수 있다. 자세히 관찰하면서 걷기만 해도 소재거리는 무궁무진하게 쏟아진다.

산책이나 여행 등을 하고 와서 한 가지 꼭 챙겨야 할 것이 있다. 아이에게 그 경험에 대해서 생생하게 전달하게 해야 한다. 아빠와 아이가 같이 산책하고 왔으면 아이는 엄마에게 산책하면서 보고 들 은 것, 아빠와 이야기한 내용을 설명한다. 그렇게 하면서 머릿속이 정리되고, 표현력도 기를 수 있다.

대자연 속에서 맑은 공기를 마시고, 몸을 리드미컬하게 움직이 면서 아이들의 뇌가 활성화된다. 창의적인 아이디어를 생성하는 뇌 의 기능이 깨어나는 것이다. 아이들은 뇌의 여백에 자연 속 가득한 영감과 아이디어를 채워 넣는다.

아이에게 자연이라는 선생님을 소개해 주자. 러시아의 작가 이

반 투르게네프의 말처럼 자연은 영원히 신비로운 탐구의 대상이다.

"네가 아무리 자연의 문을 세게 두드려도, 자연은 너에게 알아들을 수 있는 말로 대답해 주지는 않을 것이다."

좋은 습관을 키워 주는
칼 비테의 천재 교육법

"출발하게 만드는 힘이 동기라면
계속 나아가게 만드는 힘은 습관이다."
- 짐 라이언(미국의 육상선수)

결심이 아닌 습관이
인생을 바꾼다

매년 1월 1일이 되면 동해안에는 떠오르는 첫해를 보기 위해 사람들이 몰린다. 12월 31일에 정동진이나 강릉 등 동해안에 위치한 호텔을 예약하기는 하늘의 별 따기다. 사람들은 동쪽 수평선에서 첫해가 수줍게 올라오는 것을 보면서 그해에 이루고 싶은 소원을 빌고 그것을 이루기 위해 결의를 다진다.

새로운 해의 시작은 그 자체만으로도 우리에게 강한 동기부여가 된다. '그래, 올해에는 뭔가 달라지자.', '운동을 해서 꼭 살을

10kg 빼야지.', '이번엔 꼭 담배를 끊어야지.', '올해만큼은 영어 공부를 열심히 해서 Free Talking 할 수 있는 실력을 갖춰야지.' 등등.

하지만 누구나 한 번쯤은 경험해 보았듯 작심삼일이다. 겨울이 지나고 봄이 다가오면 헬스장은 한산해진다. 그전에는 대기까지 걸어가며 정기 회원 순번을 기다려야 했었는데 말이다. 판촉 행사라도 한번 해야 할 판이다. 6개월에 9만 9천 원. 저래서 장사가 될까 싶다.

"담배 끊는 사람은 참 독한 사람이야. 우리 같은 보통 사람은 힘들어." 대로변 흡연 장소에는 흡연자들의 자조적인 대화가 오가고 담배 연기가 자욱하다. 수년째 쳇바퀴 돌기다.

어떤 계기로 강하게 결심했다고 하더라도 계속 나아가는 힘은 습관에서 온다. 담배를 끊겠다고 결심했다가도 다시 집어 드는 것은 왜일까? 밥 먹고 나면 피우는 '습관'이 몸에 배어 있어서다. 술 마실 때 담배를 피우는 것이 '습관'이 되어서 그렇다. 기존의 습관을 깨려면 매번 '결심'해야 한다. 얼마나 힘든 일인가?

좋은 습관이 몸에 배면 굳이 결심하지 않아도 우리에게 좋은 일을 자동으로 한다. 그 습관이 우리 하루하루를 바꾼다. 그리고 인생을 바꾼다. 습관은 절대 나를 배신하지 않는 것이다.

칼 비테에게 배우는
내 아이에게 좋은 습관 세 가지

내 아이에게는 어떤 습관이 몸에 배도록 하면 좋을까? 내가 인생을 살아오면서 중요하다고 생각하는 세 가지 습관이 있다. 200년 전 칼 비테도 아이에게 이런 습관이 몸에 배도록 가르쳤다. 특별한 것은 아니고 누구나 알고 있다. 하나는 철저하게 시간을 관리하는 것이다. 다음은 모든 일에 완벽함을 도모하는 것이다. 마지막으로 거짓말하지 않는 것이다.

1. 시간 계획을 철저하게 세우고 관리할 수 있게 하라

"'시간은 인생이다.' 그러므로 당신의 시간을 낭비하는 것은 당신의 인생을 낭비하는 일이며, 시간을 통제하는 것은 인생을 통제하는 것이다." 빌 클린턴 전 미국 대통령의 시간 관리 고문을 지낸 앨런 라킨의 말이다.

'생각대로 살지 않으면 사는 대로 생각하게 된다.'라는 말이 있듯이 자기 생각을 갖고 시간을 통제해야 한다. 시간에 끌려다니면 별 볼 일 없는 인생이 된다. 끌려가는 인생이다. 시간을 관리하면 자유를 얻는다. 시간을 관리하지 못하는 사람은 인생을 관리할 줄 아는 사람에게 지배당하는 삶을 살게 된다. 남의 밑에서 일하면서 자유를 잃게 된다는 말이다.

칼 비테는 아이가 어릴 때 학습일지를 따로 만들어 기록했다. 그는 학습일지에 미리 계획했던 시간표와 실제로 수행하면서 변경되는 일과표를 적으면서 아이의 생활을 관리했다. 그리고 아이가 커서는 스스로 자신의 생활을 책임지도록 시간표를 작성해 보게 했다.

2. 모든 일에 완벽을 추구하는 태도를 갖게 해라

업무상 E-Mail을 주고받다 보면 중요한 메일에서도 오타를 발견하는 경우가 종종 있다. 공군 장교로 군에 복무한 기간까지 포함해서 12년째 사회생활을 하면서 깨달은 것이 있다. '한 번 오타를 내는 사람은 계속 낸다.'

'에이~ 오타 한두 개 난다고 그게 뭐 대수라고.'라고 생각하는 사람들이 있을지 모르겠다. 하지만 이런 작은 실수가 사회생활에서는 치명적일 수 있다. 국가 간 정상회담이 끝나고 주고받는 합의서에 오타가 있다면 상대국에서 우리나라를 어떻게 생각할까? 자기소개서에 오타가 있다면 인사 담당자는 그런 사람을 선발할까? 스펙 좋은 인재는 차고 넘친다.

국가 공공 기관에서 발표하는 자료나 언론 기사에 오타가 있다고 가정을 해보자. 그 글을 읽는 국민이나 독자들의 신뢰를 잃게 될 것이다. 문서를 작성한 실무자뿐 아니라 그 위의 관리자들이 줄줄

이 소환되어 욕먹을 만한 일이다.

철저해야 한다. 사회생활은 절대 호락호락하지 않다. 대충대충, 건성건성 하면 사람들의 신뢰를 얻지 못한다. 내 아이의 인생은 너무나 소중하다. 아이의 인생을 빛나게 하기 위해서는 완벽을 추구하는 습관을 들여야 한다. 아이에게 작은 것 하나라도 완벽하게 하는 습관을 들이지 않으면 인생이 오타 난다.

완벽을 추구한다는 것은 사실 정신적인 습성에 가깝다. '이 정도면 됐겠지. 이 정도면 충분하지 않아?' 하는 안일한 마음은 인생을 좀먹게 하는 나쁜 정신적인 습성이다.

칼 비테는 아이에게 항상 완벽함을 추구하도록 했다. 한 번은 아이가 풍경화를 그리다가 해가 져서 대충 어둡게 마무리한 일이 있었다. 그는 유명한 화가의 그림과 아이의 그림을 비교하면서 완벽함을 추구하는 정신이 걸작을 만든다는 것을 일러주었다.

3. 절대 거짓말하는 습관을 들이지 말자

"○○아, 누가 물어보면 다섯 살이라 그래. 유치원 다닌다고 하지 말고."

"엄마, 나 여섯 살인데 왜 그래야 돼?"

"조용히 하고 시키는 대로 해. 큰 소리로 다시 물어보지 말고."

뷔페식당에 가면 입구에 '5세 이하 무료'와 같은 안내가 있다. 보통 뷔페에서 만 나이로 5세, 우리 나이로는 6세가 넘으면 아이들에게도 별도로 비용을 받는다. 그 앞에서 여섯 살 아이를 데리고 간 부모들은 유혹에 흔들린다. '키가 작아서 다섯 살이라고 우기면 될 거 같은데 이걸 속여? 말아?'

주변에서 법과 정의를 꼭 지켜야 할 미덕이라고 이야기하는 사람을 거의 본 적이 없다. 우리 사회에 소위 고위층이라고 불리는 사람들이 법망을 요리조리 미꾸라지처럼 피해 가며 이익을 챙기는 행태를 너무 봐서 그럴까?

어른들 사이에서 규칙을 우직하게 지키는 것은 고지식하고 센스 없는 것처럼 평가받는 경우가 많다. 반면, 작은 거짓말을 해서, 편법을 써서 이익을 봤다고 하면 센스 있다고, 똑똑하다고 인정한다.

아이들이 어릴 때부터 작은 거짓말을 하는 것을 강요당하거나 부모가 거짓말하는 모습을 보고 배우면 어떻게 될까? 걸리지만 않는다면 거짓말도 괜찮은 것으로 생각하지 않을까? 거짓말 자체가 부끄럽고 잘못되었다는 생각보다는 그것을 들키는 것이 잘못된 거로 생각할지도 모를 일이다.

'바늘 도둑이 소도둑 된다.'라는 말이 있다. 한 번 거짓말을 한 아이는 더 큰 거짓말도 쉽게 할 수 있다. 거짓말했다고 아이를 혼내다가 '엄마(아빠)도 그랬잖아!'라는 말을 듣는 것은 부모에게 비극이다.

부끄러운 일이다.

칼 비테는 아이가 어릴 때 친구들과의 약속을 거짓말로 미루는 것을 보고 호되게 야단친 일이 있다. 거짓말을 하는 것이 상대방에게 얼마나 나쁜 영향을 주는 것인지 깨닫게 하기 위해서였다. 평소 화를 잘 내지 않는 아버지에게 크게 혼난 아이는 그 뒤로 절대로 거짓말을 하지 않았다.

내 아이에게 좋은 습관을 키워 주자. 그래서 아이가 올바른 길을 갈 수 있게 해주자. 영국의 시인 존 드라이든의 말처럼 습관이 바로 내 아이가 된다는 것을 기억하자.

"처음에는 우리가 습관을 형성하지만, 나중에는 습관이 곧 우리를 형성한다."

어릴 때 언어교육이
천재를 만든다

"목적 없는 공부는 기억에 해가 될 뿐이며,
머릿속에 들어온 어떤 것도 간직하지 못한다."
- 레오나르도 다빈치(이탈리아의 화가)

언어를 풍부하게 익히면
사고의 폭이 넓어진다

무지개는 일곱 색깔일까? 나는 어릴 적 무지개의 색깔이 일곱 개
뿐이라는 것을 도저히 받아들일 수가 없었다. 아무리 봐도 수십 종
류의 색 띠가 토성의 고리처럼 겹겹이 쌓여 있는데 일곱 색이라니.
무지개색이 일곱 가지라고 하는 것은 바로 눈에 띄는 대표적인 색
을 예전부터 정해놓은 것에 불과한 것이다. '무지개는 일곱 색이야.'
라는 언어 속에 우리의 사고는 갇혀 버리는 것은 아닐까?

아이들에게 영어 동화책을 읽어주다 보면 이상한 점을 발견하

게 된다. 영어로 표현되는 동물들의 울음소리가 우리말의 그것과는 사뭇 다르다. 돼지는 '꿀꿀'이 아니라 'oink, oink', 강아지는 '멍멍'이 아니라 'bark, bark', 소는 '음매'가 아니라 'moo', 수탉은 '꼬꼬댁 꼬꼬'가 아니라 'cock a doodle doo'…

나라마다 동물들의 울음소리가 다른 것일까? 당연히 소리는 같을 것이다. 미국 돼지라고 혀에 버터를 바른 게 아니다. 다만 그 소리를 듣고 그 언어를 쓰는 문화권에서 그렇게 표현을 한 것이 대대로 전해져 내려온 것이다. 이렇게 명확하게 귀에 들리는 의성어조차 언어가 다른 사람들 간에 표현의 차이가 있다.

말이 우리의 생각을 결정할까, 생각이 말을 만들어 낼까? 언어와 사고의 선후 관계는 '닭이 먼저냐, 달걀이 먼저냐?'처럼 논쟁거리가 많은 주제다. 쉽사리 결론이 나지 않는다.

한쪽에서는 사고가 언어에 앞선다고 한다. 사람은 생각할 수 있는 것만 언어로 표현할 수 있다는 것이다. 맞는 말이다. 어떤 것인지 개념도 잡혀 있지 않은 것을 언어로 표현하는 것은 불가능할 것이다.

어린아이가 어려운 철학 용어를 말한다고 해보자. '실존', '부조리', '이데아'와 같은 말을 따라 한다고 해도 아이는 그 개념을 명확히 알지 못한다. 소화하지 않은 상태로 앵무새처럼 따라만 하는 것이다. 당연히 활용할 수 없다. 명확하게 사고하지 않고서는 그 언어의 활용에 제한이 있다.

다른 쪽의 주장은 언어가 인간의 사고를 결정한다고 한다. 말이 없으면 사람은 그에 대한 사고를 할 수 없다는 것이다. 영어로 'blue'는 우리말로는 여러 가지 표현이 가능하다. '파란', '파아란', '푸른', '퍼런' 등. 'blue'만 알면 '파아란' 이란 말의 느낌과 맛을 알기 어렵다. '파아란'의 세계를 알 수 없다.

양쪽의 주장 모두 일리가 있다. 다만, 한 가지 확실한 것은 풍부한 언어를 습득하고 많은 어휘를 구사할 수 있으면 분명히 사고의 폭은 넓어진다는 것이다. 여기서 말하는 '풍부한 언어'라는 것은 비단 외국어만 이야기하는 것은 아니다. 모국어를 깊게 이해하는 것도 포함된다.

칼 비테는 생후 42일이 지난 아이의 귀에 《아이네이스》라는 로마 고전을 원문으로 읽어 주었다. 《아이네이스》의 저자는 베르길리우스라는 로마 사람이다. 즉, 원문은 라틴어라는 말이다. 태어난 지 40일 정도밖에 지나지 않은 아이에게 모국어인 독일어도 아니고 라틴어로 고전을 읽어주다니.

당연히 아이는 무슨 말인지 이해할 수가 없었다. 하지만, 반복의 힘은 위대하다. 훗날 칼 비테 주니어는 아버지가 읽어준 시를 줄줄 외울 수 있게 되었다. 반복을 통해 아이의 잠재의식에 로마 고전이 각인된 것이다.

보통 부모들은 어린아이들에게 말을 가르쳐줄 때 유아들이 알아듣기 쉬운 말을 하는 경우가 있다. '밥 먹자'는 '맘마 먹자', '저기 고양이가 있네'는 '저기 야옹이다.' 하는 식이다.

칼 비테는 아이를 어른과 완전히 동등한 인격체로 대했다. 지적 능력이 아직 완전히 발현되지 않았을 뿐이지, 어른과 같은 두뇌를 가진 것으로 보았다. 그래서 아이에게 말할 때도 어른들이 쓰는 것과 똑같은 단어를 썼다. 유아어는 절대 쓰지 않았다.

그리고 정확한 발음을 위해서 사투리도 쓰지 않았다. 어떤 단어의 의미를 설명할 때도 어른에게 하듯이 다양한 어휘를 구사해서 정확하게 설명해 주었다.

언어는 사전에 나온 대로 정확하게 가르치자

나는 언어 공부에 대한 칼 비테의 생각에 100% 공감했다. 그래서 이 방법을 우리 아이들에게 적용해 보았다. 먼저 정확한 뜻의 전달을 위해서 국어사전을 한 권 샀다. 그리고 아이들이 아주 어릴 때부터 어른에게 이야기하듯이 정확히 말했다. 유아어는 되도록 쓰지 않았다.

아이들에게 이야기하다 보면 처음 접하는 단어가 나온다. 그런 애매한 단어가 나오면 나는 정확한 뜻을 알려주었다. 집에서는 국어사전을 찾아서 뜻을 확인했다. 사전에는 유사어나 반대말도 나오는데 그런 단어도 말해 주었다. 사전을 볼 수 없는 상황에서는 인터넷을 통해 검색해서 정확한 뜻을 파악했다.

아이들의 어휘를 풍부하게 해주기 위해 나는 수다쟁이가 되었다.

"우와, 새들이 지저귀고 있네. '지저귄다'라는 건 새들이 서로 이야기하는 것을 사람들이 그렇게 표현하는 거야."

"표현이라는 건 사람이 생각하는 것이나 느낌을 밖으로 드러내는 거야. 여러 가지 방법이 있어. 말할 수도 있고, 그림을 그릴 수도 있고, 춤을 출 수도 있지."

"이런 표현이 발달하면서 예술이 되는 거야. 그림이나 음악이나 춤. 이런 것들이 모두 예술이야. 그런 예술을 잘 알아야 감동도 받고 인생이 풍부해지는 거야."

"새들은 지저귄다고 하는데 개들은 짖는다고 해. 그리고…"

아이의 유모차를 끌고 다니면서 이야기는 끝없이 이어진다. 누가 옆에서 들으면 좀 이상하게 생각할 수도 있다. 아직 말도 못 하고 유모차 속에서 꼼지락거리고 누워 있는 아이에게 친구에게 이야기하듯 재잘거리는 아빠가 정상적이라고 보이지는 않았을 것이다. 나는 아이들이 듣든 말든 개의치 않고 생활 속에서 많은 이야기를 해주었다. 아이들의 잠재의식에 내 말을 새긴다는 생각으로.

책도 많이 읽어주었다. 책을 사는 데는 절대 돈을 아끼지 않았다. 빚을 지더라도 책은 샀다. 그리고 책은 책장에 예쁘게 모셔 두지 않았다. 아이들이 보든 말든 거실이나 방에 항상 책을 펼쳐 두었다. 그리고 며칠 뒤에는 다른 책들로 바꿔 주었다.

책은 딱히 계획적으로 읽지는 않고 잡히는 대로 읽었다. 책에 있는 내용만 읽어주는 것이 아니라 '꼬리에 꼬리를 무는 방식'으로 언어를 무한 확장해 갔다.

이런 노력 덕인지 우리 아이들은 둘 다 또래들보다 말문이 일찍 트였다. 두 아이 모두 돌이 지나고 얼마 지나지 않아 몇 가지 단어를 조합해서 의사 표현을 했다. 말이 빠른 것이 꼭 똑똑하다는 척도가 되는 것은 아니다. 하지만 사고의 폭을 넓힐 수 있는 기회를 좀 더 일찍 얻은 것만은 확실하다.

외국어 교육에
연연해하지 말자

나는 외국어 교육에 연연해하지는 않는다. 아이가 흥미 있어 하면 영어에 노출을 많이 시키기도 한다. 하지만 그보다는 모국어 표현을 하나라도 정확하게 이해하고 활용하는 것을 중요하게 생각한다. 그리고 아이가 책을 읽고 스스로 생각할 수 있도록 유도하는 것에 더 많은 시간을 쏟는다.

칼 비테 부사도 사신들이 다양한 외국어에 능통했음에도 불구하고 입을 모아 말했다. 외국어 공부에 너무 시간을 뺏기지 말라고.

언어는 도구일 뿐이다. 여러 가지 언어를 배우느라 스트레스를 받는 것보다는 한 언어라도 제대로 배우면서 사고를 확장하는 것이 더 낫다. 물론 어릴 때 다양한 외국어를 습득하는 것은 좋다. 하지만 외국어 공부는 동기부여만 되면 나중에라도 스스로 할 수 있는 것이다.

중요한 것은 어릴 때 하는 적극적인 언어교육이 아이의 사고를 확장할 소중한 기회가 된다는 것이다.

시를 읽어 주는
부모가 되어라

"시는 인류의 모국어다."
- 허먼 멜빌(미국의 시인)

시 읽기를 통해
감성을 자극하자

아이에게 이성적인 교육만 시켜서는 균형 있는 지성인이 될 수 없다. 인간을 제대로 이해하기 위해서는 감성을 소홀히 해서는 안 된다. 이성과 감성을 두루 갖춘 사람이 되어야 인생의 진정한 행복을 느낄 수 있다. 머리와 가슴이 동시에 깨어 있어야 올바른 사람이 된다.

아이의 감성을 자극하는 방법은 시, 그림, 음악, 조각 등 여러 가지가 있다. 최대한 많은 방법을 동원해 보자. 그중에서도 가장 접근하기 쉬운 것은 시일 것이다. 굳이 전시회나 공연장을 찾지 않아도 되니까 말이다. 시집만 몇 권 있으면 된다.

칼 비테 주니어는 어릴 때부터 아버지의 영향으로 수많은 시를 듣고 읽으며 자랐다. 그는 훗날 법학 교수가 되었다. 하지만, 평생 단테를 연구하여 《단테의 오해》라는 글을 남기기도 했다. 그는 아버지의 권유에 따라 기타 연주에 심취하기도 했다.

아인슈타인은 누구나 인정하는 20세기 최고의 물리학자다. 그는 수준급의 바이올린 연주가였다. '나는 종종 음악으로 생각한다. 음악으로 공상하고 음악적 형식으로 삶을 본다.'라고 할 정도로 그는 평생 음악을 사랑했다. 그는 바이올린으로 모차르트를 연주하며 우주에 대해 생각했다.

스티브 잡스는 비틀스와 밥 딜런의 광팬이었다. 그가 아이팟을 만든 것도 '음악'이라는 인간의 보편적인 욕구를 정확히 꿰뚫고 있었기 때문이었다. 그는 인간의 감성이 얼마나 중요한 것인지 이해하고 있었다.

시를 읽는 것은 머리에서 가슴으로의 여행이다. 산문시 〈예언자〉를 남긴 레바논 출신의 시인 칼릴 지브란은 '시는 마음속의 불꽃'이라고 말했다. 마음속에서 일어나는 충동, 감성을 언어로 옮긴 것이 시이다. 우리는 시를 통해 인류의 보편적인 감성을 느낄 수 있다. 또한 감동의 순간을 공유할 수 있다.

시를 읽어도 무슨 말인지 통 모르겠다고 하는 경우가 있다. 시를 머리로 하나하나 분석하면서 이해하려고 들면 그렇다. 시는 느껴야 한다. 학교 공부하듯이 단어 하나하나가 의미하는 바가 무엇이고, 무엇을 상징하는 것인지를 따지려고 들면 시를 온전히 받아들일 수 없다. 시는 머리가 아니라 가슴으로 읽어야 한다. 가볍게.

나는 아이와 책을 보다가 시간이 늦어 잠자리에 들 즈음에 시를 한 편씩 읽어주곤 한다. 한번은 윤동주 시인의 〈서시〉를 읽어주었다. 창밖으로 시원한 바람이 부는 초봄이었고, 하늘에는 보름달이 떠 있었다.

"아빠…, 너무 좋아."

내가 읽어주는 시를 듣고 아이는 한동안 말을 잇지 못했다. 그러다 가까스로 '좋다'는 말을 가슴 속에서 수줍게 꺼냈다.

"어느 부분이 제일 좋아?"

"마지막 부분. 별이 바람에 스치운다."

굳이 시어를 하나하나 해체해서 설명할 필요가 있을까? 아이는 분명히 제대로 '느꼈다'.

아이에게 시를 선물하는 방법

시를 읽어 주면 좋다고 해서 무작정 '하루에 시 한 편' 하는 식으로 접근하면 곤란하다. 아이가 감동을 하지도 않는데 우격다짐으로 읽어주는 것도 좋지 않다. 시가 감동이 아니고 To-Do List(꼭 해야 하는 일)가 되는 순간, 아이의 인생에서 시는 사라져 버릴 위험이 크다. 자연스럽게 생활 속에 녹아들지 않고 공부해야 하는 '한 과목'이 되어 버리면 시와 절대 친해질 수 없다.

내 아이에게 시를 선물하려고 마음먹었다면 사려 깊게 접근해야 한다.

1. 부모가 읽고 전율과 감동을 한 시를 선정해서 읽어주자. 감동적인 문구를 강조해서 읽어주면 좋다.

2. 아이에게 전해 줄 시는 부모가 직접 선정하자. 전문가가 추천해 주는 시를 참고해 보는 것도 좋다. 내가 운영하는 블로그와 카페에는 아이들과 함께 읽을 만한 좋은 시를 선정해 두었다. 들러서 참고하면 도움이 될 것이다.

3. 부모 입장에서 아이에게 전달하고 싶은 메시지가 감동적으로 담겨 있는 시를 선정하자. 난해한 시, 부정적이고 어두운 감정의 배설이 가득한 시는 제외해야 한다.

4. 운율이 살아 있는 시를 선택하자. 시는 운율이 살아 있어야 제맛이다. 산문시라고 하더라도 내용이 훌륭하면 배제할 필요는 없다.

5. 좋은 시는 함께 필사해 보자. 멋진 구절은 함께 외우는 것도 좋다. 하지만 필사든 외우기든 강요는 금물이다. 경험상 아이가 정말 감동하면 스스로 쓰려고 한다.

궁극적으로는 부모가 시를 쓰고 그것을 아이에게 읽어주는 것이 가장 좋다. 특히 아이를 키우면서 부모가 느낀 감정이나 바람을 표현한 시는 부모와 아이 모두에게 커다란 감동을 준다.

나는 아이에게 어떤 메시지와 감동을 줄 것인지를 고민해서 시를 선정하고 읽어주고 있다. 그중 몇 가지를 소개해 보겠다.

도종환 시인의 〈담쟁이〉에는 이런 구절이 나온다.

저것은 넘을 수 없는 벽이라고 고개를 떨구고 있을 때
담쟁이 잎 하나는 담쟁이 잎 수천 개를 이끌고
결국 그 벽을 넘는다.

아이가 살아가다 보면 몇 번은 절망적인 상황에 맞닥뜨리게 되어 있다. 모두가 절망이라고 하는 상황이 있다. 가까운 부모 형제도 포함해서 말이다. 그런 상황에서도 희망을 잃지 않고 도전하는 정신에 대해 아이와 이야기 할 수 있다.

'절망 속에서도 어떻게 희망을 품을 수 있을까?', '이끌려 가는 수천 개의 담쟁이 잎이 될 것인가, 이끌어 가는 담쟁이 잎 하나가 될 것인가?'

타고르의 〈기탄잘리〉는 영성을 자극한다.

나는 이 세상의 축제에 초대받았습니다
그렇게 내 삶은 축복받았습니다 (중략)
이 축제에서 내가 맡은 일은 나의 악기를 연주하는 일이었습니다
그리고 나는 최선을 다해 연주했습니다

우리의 삶은 축제라는 것. 우리는 초대받아 이 세상에 놀러 온 것이라는 것. 인생이란 나의 악기를 묵묵히 연주하는 것…. 내가 인생을 바라보는 관점을 바꾸게 해준 시 중 하나이다. 아이와 함께 인생의 의미에 대해 차분히 고민해 볼 수 있어 읽어주곤 한다.

목표를 향해 미친 듯이 달려가는 인생도 분명히 의미가 있다. 하지만 나는 아이가 '지금, 이 순간'을 온전히 느낄 수 있는 삶의 태도를 가지길 바란다. 순간의 꽃을 볼 수 있는 눈을 가진 아이가 되었으면 좋겠다.

깊은 밤 밝은 달빛 아래에서 아이와 시를 함께 읽어보자. 감성의 폭포수 아래에서 무한한 감동을 받을 수 있다.

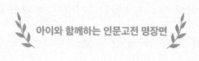
아이네아스
(베르길리우스)

원전 읽기

아이네아스는 그들의 쓰라린 가슴을 달랬다.

"오, 전우들이여! 그대들은 이보다 더한 일도 겪었소. 신께서 이번 일도 끝내주실 것이오. 그대들은 광란하는 암캐 스킬라의 깊이 메아리치는 바위들에 접근했으며, 키클롭스의 바위 동굴도 알게 되었소. 그러니 이제 정신을 차리고 불행과 공포는 잊으시오. 아마 이 고생도 언젠가는 즐거운 추억거리가 될 것이오.

라티움에 제2의 트로이를 세우는 것이 우리 임무이기 때문이오. 그대들은 참고 견디고 더 나은 미래를 위해 자신을 보전하시오."

아이네아스는 무장한 두 팔로 아스카니우스를 안고는

투구 사이로 아들의 입술 끝에 입 맞추며 이렇게 말했다.

"내 아들아, 너는 용기(탁월함)와 진정한 노고는 나에게서 배우고 행운은 다른 사람들에게 배워라! 너는 곧 성년이 될 것이니, 이를 깊이 명심해라. 네가 본보기로 친족들을 마음속에 떠올리면, 아버지 아이네아스와 네 외숙부 헥토르가 너를 고무할 것이다." 이렇게 말하고 그는 거대한 창을 휘두르며 거인처럼 성문 밖으로 달려 나갔다. (제12권)

작가의 이야기

《아이네이스》는 그리스에 패망 당한 트로이 유민들이 온갖 고난을 극복하고 로마를 건국하는 이야기다. 주인공 아이네아스는 트로이에서 헥토르 다음으로 용맹한 영웅이었다.

아이네아스는 제2의 트로이, 로마 건국을 위해 라티움(이탈리아 반도 중부)으로 가는 길에 갖은 고초를 겪는다. 그 과정에서 부하들을 잃기도 하지만, 의연한 리더의 품격을 잃지 않는다. 소명을 완수하기 위해 불행을 잊고 참을 수 있도록 부하들을 격려한다.

아이네아스는 이탈리아 반도에 정착하고 있던 원주민들을 물리치고 로마를 세우는 과정에서 많은 전투를 치러야 했다. 최후의 전투에서 아이네아스는 다리를 활에 맞아 절뚝거리게 되었다. 하지만 비너스 여신의 도움으로 회복하고 다시 전쟁터로 뛰어나간다.

이렇게 생사가 갈리는 전쟁터에서 그는 아들에게 유언이 될지도 모르는 한마디를 한다. 자신에게서 용기(탁월함)와 노고를 배우라고. 행운에 기대지 말고 분투하는 자신의 모습을 배우라는 말이다. 그리고 거인처럼 적을 향해 달려나갔다.

부모가 먼저 거인이 되어야 한다. 요행을 바라지 않고 삶 속에서 탁월함을 추구하는 본을 보여줘야 아이가 거인이 되는 것이다. 칼 비테도 아들에게 이런 정신을 보여주기 위해 아이에게 가장 먼저 《아이네이스》를 읽어 주지 않았을까?

아이에게 던지는 질문

• 남을 이끄는 리더는 어떤 모습이어야 할까? 자신의 감

정을 다 드러내면 어떻게 될까?

• 지금의 어려움 때문에 미래의 목표를 잊어버리면 어떻게 될까?

• 운을 바라는 것과 탁월함을 추구하는 것 중 어떤 것이 바람직한 삶의 자세일까? 아이네아스는 아들에게 왜 행운은 자기에게 배우지 말라고 했을까?

소크라테스의 변명
(플라톤)

원전 읽기

조금이라도 훌륭한 사람은 죽느냐 사느냐 하는 위험을 헤아려서는 안 되오. 그는 어떤 일을 하면서 오직 올바른 행위를 하느냐, 그릇된 행위를 하느냐, 곧 선량한 사람이 할 일을 하느냐, 악한 사람이 할 일을 하느냐 하는 것만 고려해야 한다는 것이오.

아테네 시민 여러분! 내가 여러분이 선임한 장군으로부터 포테이다이아, 암피폴리스, 델리온 등의 전투에 배치되었을 때 다른 사람들과 마찬가지로 죽음에 직면해서도 위험을 무릅쓰면서 그곳을 굳게 지켰습니다.

하물며 신이 자기 자신과 다른 사람들을 탐구하는 애지자(愛智者)의 사명을 수행하도록 나에게 명령했을 때 죽음의 공포나, 또는 기타의 두려움 때문에 나의 자리를 포기한다면, 그야말로 (내가) 끔찍한 잘못을 저지르는 것이 될 것입니다.

왜냐하면 여러분! 죽음을 두려워한다는 것은 바로 지혜로움을 가장하는 것이지 진정한 지혜로움은 아니기 때문입니다. 그것은 알지 못하는 것을 아는 척하는 것에 지나지 않는 것이오.

여러분! 죽음의 회피가 어려운 것이 아니라, 불의를 피하는 것이 훨씬 더 어렵습니다. 왜냐하면 그것은 죽음보다도 걸음이 빠르기 때문입니다. 그래서 지금 나는 나이를 먹고 걸음이 느려서 느린 편의 죽음에 붙잡혔지만, 나를 고발한 사람들은 예리하고 민첩한 인물들이니, 걸음이 빠른 불의에 붙잡히고 말 것입니다.

이제 가야 합니다. 나는 죽기 위해, 여러분은 살기 위해. 그러나 어느 쪽이 더 좋은지는 오직 신만이 알 것입니다.

작가의 이야기

아테네의 철학자 소크라테스는 청년들을 타락으로 선동한 죄와 신에 대한 불경죄로 고발당했다. 그는 산파술이라고 알려진 대화법으로 당시 아테네인들의 무지를 깨우쳐 주었다. 자신이 무지하다고 알려주는 괴짜 노인을 당시 유력자들이 곱게 봤을 리가 없다.

그리고 플라톤처럼 비교적 철학자답게 조용한 삶을 산 경우도 있지만, 그의 제자들 중 몇 명은 아테네 인들에게 위협적으로 느껴졌다.

예를 들어 알키비아데스는 시칠리아 원정에서 조국을 배신하고 스파르타 편으로 돌아섰다가 페르시아로 망명하는 등 배신의 삶을 살았다. 그리고 크세노폰은 페르시아의 내전에 참전했고, 소크라테스 사후에는 코로네아 전투에서 스파르타군에 가담하여 아테네에 칼을 겨누기도 했다.

여러모로 미운털이 박힌 소크라테스는 결국 독배를 마시고 유명을 달리했다. 하지만 죽음 앞에서도 정의와 지혜의 수호를 설파하는 노철학자의 기개는 지성인이라면 어떠해야 하는지, 모범을 보여준다.

아이에게 던지는 질문

- 죽음이란 무엇일까? 소크라테스는 어떻게 죽음 앞에서도 의연할 수 있었을까?
- 소크라테스는 왜 자기 죽음과 아테네 인들의 삶 중 어느 것이 좋을지는 신만이 알 수 있다고 했을까?
- 어떻게 사는 것이 올바른 삶일까? 어떤 가치를 지켜야 할까?
- 지혜롭고 정의로우면 소크라테스와 같은 용기를 가질 수 있을까? 지혜, 정의란 무엇일까?

3장

행복과 두뇌 발달을 모두
잡는 칼 비테의 조기교육

칼 비테는 아들이 발달이 더디다는 것이 밝혀졌을 때 아내에게 편지를 썼다.
"100의 능력을 타고난 아이라 하더라도 교육이 이루어지지 않으면 결국 그
아이는 20% 혹은 30%의 능력밖엔 발휘하지 못하오. 중요한 것은 교육이오.
교육만 잘 시킨다면 재능이 50%밖에 안 되는 아이도 잠재력을 80% 끌어낼
수 있고, 다른 80%의 재능을 가진 아이보다 뒤처지진 않을 거요. 우리가 할
수 있는 건 칼의 잠재력을 키워서 90% 발휘하도록 도와주는 일이요."
"칼이 천재가 될지 바보가 될지는 날 때부터 결정된 게 아니라 우리가 교육하기
에 달렸소. 그중에서도 가장 중요한 건 태어난 순간부터 5세까지의 교육이오."

칼 비테는 분명하게 조기교육을 해야 한다고 주장했다. 내 아이의 천재성이
무엇인지 찾아내는 것, 그리고 그것을 키워 주는 건 부모의 의무가 아닐까?
내 아이의 지능 발달에는 분명히 골든타임이 있다. 지능 발달의 골든타임을
놓치지 말자.

어릴 때는 놀기만
하면 된다?

"사실 천재는 교육의 위대한 성과이다."
- 마카렌코(러시아의 교육가)

내 아이 어떻게 키우지?

"애는 어릴 때는 잘 놀게 그냥 내버려 두면 된다. 너 어릴 때도
알아서 잘 컸다."

"애는 건강하기만 하면 그만이야. 아기 때는 책이나 옆에서 좀
읽어 주면 되지 뭐."

아이를 키우는 부모는 누구나 자녀가 똑똑하기를 바란다. 세 살
에 한글을 떼고, 네 살에 방정식을 풀고, 다섯 살에는 작곡까지 하면
좋겠다고 생각한다. 아니, 그 정도는 아니더라도 최소한 남들보다

는 내 아이가 조금이라도 더 똑똑하기를 바란다. 내 아이가 어디서 '머리 나쁘다.', '다른 아이들보다 좀 말이 늦다.'라는 말을 들으면 어느 부모가 마음이 편할까?

그렇지만 아이를 똑똑하게 만드는 방법을 연구하는 부모는 드물다. 설혹 그런 방법을 공부한다고 하더라도 자신의 아이들에게 꾸준히 적용하는 부모는 더욱 드물다. 아이를 똑똑하게 키우는 것은 만만한 일이 아니다.

주위를 둘러보라. 영재나 천재를 쉽게 찾아볼 수 있는가? 간혹 TV에서는 '우와~' 하고 탄성을 지를 정도로 뛰어난 영재들의 스토리가 나온다. 그렇지만, 대다수의 아이는 평범하다. 너무 평범하다 못해 조금은 모자라 보이는 아이들도 많다.

안타깝게도 부모들은 아이를 똑똑하게 키우고 싶어 하면서도 구체적인 방법을 찾는 노력을 많이 기울이지는 못한다. 왜 그럴까? 아이가 태어나기 전후로 부모들에게는 난생처음 하는 일이 산더미처럼 쏟아지기 때문이다.

출산 전후로 알아볼 것이 얼마나 많은가? 산부인과는 어디가 좋은지, 출산 후에 예산에 맞춰 어떤 산후조리원에 들어갈지, 카시트는 언제, 어느 브랜드로 구입해야 할지… 등등.

집에서 아이를 본격적으로 키우면서부터 할 일은 기하급수적으로 늘어난다. 하루에 수십 번 기저귀를 갈아 끼워야 한다. 시간에 맞춰 모유 수유를 해주고, 밤이든 낮이든 시도 때도 없이 울어대는 아이를 안아줘야 한다. 눈앞에 닥치는 일이 너무 많아서 도저히 다른 생각을 할 겨를이 없다. 아이의 교육에 대해서는 신경 쓰기 어려운 환경이다.

아이의 교육은 언제부터 시작해야 할까? 아이는 태어나면서부터, 아니 그 전부터 지능이 형성되고 있기 때문에 태어난 이후 바로 지능에 자극을 주기 시작해야 한다. 그 시점은 빠르면 빠를수록 좋다. 이쯤 되면 조기교육 정도가 아니라 초 조기교육이라고 할 만하다.

하지만 앞서 이야기했듯이 출산 전후로 부모는 너무나도 바쁘다. 사실 출산 초기에는 아이가 잠을 자는 시간이 많기 때문에 절대 시간이 부족하다고는 할 수 없다. 하지만 정신적으로 뭔가를 새롭게 공부할 여유는 없다. 도저히 아이의 교육을 신경 쓸 새가 없다. 그렇다면 어떻게 해야 할까?

미리 준비하는 것이 좋다. 임신을 계획하기 이전부터 공부하고, 계획을 세워야 한다. 아이가 태어나면 시기별로 어떤 식으로 두뇌에 자극을 줄지, 어떤 책을 준비해서 읽어 줄지, 어떤 음악을 준비해서 들려줄지 등…. 아이를 방치해 두지 말고 꾸준한 자극을 줘야 두뇌가 발달한다.

"탯줄은 아버님이 잘라 주세요."

2011년 9월, 나는 세상에 없던 내 분신, 아니 나 자신과도 같은 첫 아이를 만났다. 너무 긴장한 탓일까, 아이의 탯줄을 자르는 것조차 쉽지 않아 간호사의 도움을 받았다. 아이와 첫 만남의 설렘에 정신이 없었다. 하지만 이것 하나만은 또렷하게 기억한다. 아이를 안았을 때의 그 느낌과 감동 말이다.

'그래, 내가 너를 만나려고 이번 생을 살아왔구나. 너는 나를 아빠로 선택해 줬구나. 정말 고맙다.' 밀려오는 큰 감동에 아이를 끌어안았다. 나도 모르게 눈물이 났다.

나는 아이를 특별하게 키우고 싶었다. 역사에 한 획을 긋는 아인슈타인 같은 천재까지 바란 것은 아니다. 나는 내 아이가 세상에 별처럼 많은 책을 통해서 훌륭한 지식과 지혜를 체득했으면 좋겠다고 생각했다. 그리고 행복하게 인생을 살 수 있는 아이가 되기를 바랐다. 공부만 하지 말고 예술과 인생을 즐기는 사람이 되었으면 했다.

그리고 이 아이가 태어나기 전보다 조금이라도 세상을 더 살기 좋은 곳으로 만들 수 있는, 세상에 도움이 되는 존재가 되길 바랐다. 이 바람은 지금도 마찬가지이다.

처음에는 주변 분들에게 조언을 구했다. 어떻게 하면 아이를 제대로 키우는 것인지 알고 싶었다. 천재까지는 아니더라도 어떻게 하면 똑똑하게 키울 수 있는 것인지, 육아의 경험이 풍부한 선배나 어르신들에게 물어보았다. 그런데 돌아오는 대답은 내가 기대한 그런 것이 아니었다. 특히 어르신들은 애들은 그냥 잘 놀게 두면 된다는 말씀이 대부분이었다.

칼 비테의 교육 비법, 놀이가 곧 교육이다

칼 비테는 어떻게 아이를 교육했을까? 그는 아이가 어릴 때 충분히 놀게 했다. 그가 아이를 천재로 키운 비법은 놀이였다. 하지만 세 가지 점에서 특별한 점이 있다.

첫째, 놀이가 곧 교육이 되도록 연구하고 함께 놀았다.

칼 비테는 교육적인 목표를 달성하기 위해서 놀이를 기획하고 개발했다. 놀이가 곧 교육이 되도록 한 것이다. 그리고 그렇게 개발한 놀이는 반드시 아이와 함께했다.

예를 들어 아이의 기억력을 강화하기 위해서 수많은 카드놀이를 개발하고 함께 했다. 그리고 아이의 공간지능을 길러주기 위해 집 앞마당에 손수 놀이터를 만들고 진흙으로 도시를 만들면서 같이 놀기도 했다. 이런 예는 수도 없이 많다.

둘째, 아이가 놀이에 흥미를 잃지 않도록 했다.

교육적인 목표를 위해서 놀이하다 보면 아이가 흥미를 잃을 수가 있다. 한 번 흥미를 잃게 되면 그것을 다시 불러일으키기가 쉽지 않다. 칼 비테는 아이와 함께 놀이를 하면서 흥미를 잃지 않도록 신경 썼다.

셋째, 아들이 또래와 놀 때는 노는 모습을 면밀히 관찰했다.

칼 비테는 기본적으로 아이가 또래들과 많이 노는 것을 좋아하지는 않았다. 아이들끼리 놀면서 나쁜 말이나 습성을 배울 수 있다고 생각했기 때문이다. 때로는 아들이 또래와 놀 수 있도록 했다. 그럴 때면 그냥 아이들끼리 내버려 두는 것이 아니라 면밀하게 관찰했다. 그리고 필요할 때는 개입을 해서 잘못된 생각에 오염되지 않도록 했다.

아직 학교에도 들어가지 않은 아이를 군이 책상에 오랫동안 앉혀 둘 필요는 없다. 짧은 시간이라도 흥미를 끌어내 집중적으로 공부할 수 있게 해주면 된다. 대부분의 시간은 잘 놀게 해주어야 한다. 아이가 놀 수 있는 절대 시간을 많이 확보해 주어야 한다는 말이다. 하지만 아무 생각 없이 시간 때우기 식으로 '놀게만' 해서는 안 된다.

어떤 부모들은 부모들끼리 만나 수다를 떨면서, 아이들끼리만 놀게 방치해 두는 경우가 있다. 부모들 입장에서야 잠시나마 육아 스트레스를 벗어나고 싶겠지만, 이것은 좋은 방법이 아니다. 아이들이 놀 때 부모는 아이들끼리 서로 무슨 이야기를 나누는지, 어떤 일로 의견 대립이 있는지, 문제가 생겼을 때 어떻게 해결해 나가는지 잘 관찰할 필요가 있다. 그리고 필요하다면 적절한 시점에 간섭이 아닌 개입을 해야 하는 경우도 있다.

아이가 어릴 때는 많은 시간을 잘 놀게 해주자. 하지만, 부모가 '어떻게 함께 노느냐, 아이를 어떻게 놀게 하느냐'가 중요하다는 점을 잊어서는 안 된다.

"아이들이 어릴 때 노는 것은 의무이다. 하지만 부모는 아이의 놀이를 방치해선 안 된다."

아이들은 태어나면서부터 천재다

"세상에 재능이 없는 사람은 단 한 사람도 없다.
다만 문제는 교육자가 모든 학생의 재능과 흥미와
취미와 장기를 발견하느냐이다."
- 레프 비고츠키(러시아의 심리학자)

모든 아이는 천재로 태어난다

당신의 아이는 천재인가? 아마 대부분의 부모는 자신 있게 '그렇다'라고 대답하지는 못할 것이다. 하지만 나는 자신 있게 말할 수 있다. '모든 아이는 천재다.'라고. 사람은 누구나 천재성을 타고난다. 어느 분야가 되었든, 누구라도 천재적인 능력을 갖춘 분야는 있게 마련이다. 사람마다 천재성을 발휘하는 분야가 각자 다를 뿐이다.

그런데 우리가 보통 '천재'라고 인정하는 분야는 주로 학습과 관련되어 있다. 예를 들어 아직 학교도 가지 않은 아이가 미적분 문제를 척척 풀어낸다고 하면 누구나 천재가 났다고 한다. 혹은 세 살밖에 되지 않은 아이가 어른들도 어려워하는 모국어의 어려운 표현을 이해하면서 자유자재로 단어를 구사한다고 하면 대단한 수재가 났다고 생각한다. 뛰어난 암기력으로 제한된 시간 안에 수십 장의 카드의 이미지를 외우면 장래가 촉망되는 영재라고 흥분한다.

하지만 주어진 조건 아래에서 학습만 잘 한다고 천재라고 할 수 있을까?

'재주는 곰이 넘고 돈은 왕 서방이 받는다.'라는 속담이 있다. 보통 이 속담은 '열심히 일한 사람 대신 엉뚱한 사람이 이득을 본다.'라는 뜻으로 쓰인다. 재주를 넘는 곰은 착취를 당해 불쌍하고, 뒤에서 돈을 챙기는 왕 서방의 행동은 부당한 것이라는 비판 의식이 은연중에 깔린 속담이다.

그런데 나는 이 속담을 좀 다르게 생각해 보았다. 왕 서방이 똑똑한 건 아닐까? 곰은 타성에 젖어 있다. 주어진 환경에 순응해 자기가 원래부터 해 왔던 방식대로 재주만 넘은 것이다. 반면 왕 서방은 시스템을 만든 사람이다. 머리를 쓴 것이다. 곰을 어떻게 활용할 것인지, 수익은 어떤 구조로 가져갈 것인지, 곰은 어느 정도 수준에서 길들이면 될 지 등 돈을 쉽게 벌 수 있는 방법을 치열하게 고민한 것이다. 새로운 시각으로 쉽게 수익을 창출하는 시스템을 만들어 내고 실행했다. 아무리 봐도 곰은 죽었다 깨어나도 할 수 없는 일이다.

그렇다면, 왕 서방은 천재이고 곰은 평범한 바보일까? 그렇게 단정 지을 수는 없다. 곰은 곰 나름대로 천재적인 재주를 갖고 있다. 그가 재주를 넘으면 사람들이 모여든다. 넋을 잃고 곰의 재주를 구경하다가 환호성을 지르고 마침내 지갑을 연다. 이 정도면 곰도 천재라고 할 수 있지 않을까?

여기서 한 가지 짚고 넘어가야 할 것이 있다. 바로 '천재'에 대한 정의이다. 천재란 어떤 사람일까? '천재란 무엇이다.'라고 한 마디로 정의하기는 어렵지만, 천재의 특징을 몇 가지로 정리해 볼 수 있다.

첫째, 학습 능력이 뛰어나다.

'천재'라고 하면 기억력이 뛰어난 사람을 떠올릴 만큼 기억력은 천재의 기본 특성이다. 세계 기억력 대회, 아시아 기억력 대회 등 세계적인 대회가 주기적으로 열린다. 우리나라에 누가 기억력 대회에서 랭킹 몇 위가 되었다 하는 것이 이슈가 되기도 한다. TV에서도 기억력이 뛰어난 사람들이 나와 짧은 시간 내에 수많은 카드나 물건을 기억해 정확히 재생해 내는 능력을 보여주기도 한다.

수학적인 능력이 뛰어난 천재도 있다. 문제를 듣자마자 암산으로 답을 찾아낸다. '몇 년 몇 월 며칠' 하면 무슨 요일인지 바로 맞히기도 한다. 아직 초등학생도 안 된 아이가 몇 차 방정식을 풀거나 도형 퍼즐 같은 것을 풀어낸다.

둘째, 예술적인 감각이 뛰어나다.

모차르트처럼 음악적 재능을 타고난 천재가 있다. '절대음감'은 기본이고, 어릴 때부터 전문적인 작곡법을 배우지 않고도 곡을 만들어 내기도 한다. 피카소는 여덟 살에 사과 그림을 너무 잘 그린 나머지, 화가인 아버지가 아들의 그림을 보고 그림 그리기를 그만두었다고 전해진다.

피카소는 평생 유화 13,500여 점, 판화 100,000여 점, 삽화 34,000여 점 등 수많은 작품을 남겼다. 양만 엄청난 것이 아니다. 보통 화가들은 평생 자신만의 스타일을 갖기 어렵다. 피카소는 애인이 바뀔 때마다 여러 번 화풍을 바꾸었다. 탄탄한 기본기와 뛰어난 예술적 감각이 없으면 불가능한 일이다.

셋째, 타고난 재능을 믿고 평생을 몰입해 자기 능력을 예술적인 차원으로 끌어올린다.

퇴계 이황은 평생 학문을 갈고닦아 성리학의 체계를 재편했다. 그리하여 '조선의 주자'라는 칭송을 들었다. 만유인력의 법칙을 발견한 뉴턴은 한 가지 문제를 생각하면 풀릴 때까지 그 생각만 했다고 한다. 오죽 했으면 연구하다가 달걀 대신 시계를 삶아버렸다는 일화가 전해 오겠는가.

넷째, 기존의 가치 체계나 관점을 뛰어넘어 새로운 가치와 관점을 만들어 낸다.

갈릴레이는 누구나 천동설을 믿던 세상에서 지동설을 주장하며, 인간 인식의 혁명을 일으켰다. 비디오 아트의 대가 백남준은 TV를 활용해서도 예술 작품을 만들 수 있다는 것을 보여주었다. 그는 '예술은 이러해야 한다.'라는 기존의 관념을 깨뜨리고 예술의 외연을 확장했다. 스티브 잡스는 스마트 폰을 보급해 우리의 생활 방식 자체를 바꾸어 버렸다.

요컨대 천재는 지적이든, 예술적이든 특정 분야에서 평균치보다 뛰어난 능력을 갖추고 있다. 그리고 그 능력을 사장 시키지 않고 극대화했다. 마지막으로 불멸의 가치를 만들어 세상에 전해 주었다.

이런 점을 종합해 볼 때 천재는 '자신만의 뛰어난 잠재력을 최대한으로 끌어올려 세상에 도움이 되는 사람'이라고 정의할 수 있다.

아이의 천재성을 일깨워주는 것은 부모의 의무다

이 세상에 우리가 태어나 살아가는 이유는 무엇일까? 내가 태어나기 이전보다 더 훌륭한 세상을 만들기 위함이 아닐까? 그런 면에서 보면 사람은 누구나 자신의 천재성을 알아내고 그것을 키워야 한다. 그리고 세상에 가치를 더해야 한다. 즉 세상에 도움을 주어야 한다.

부모라면 아이의 천재성을 발견하고 키워 주기 위해 노력해야 한다. 단순히 공부를 잘하도록 만들라는 것이 아니다. 학습 능력은 인간의 능력 중 극히 일부분에 불과하다. 아이의 행복을 위해 흥미를 느낀 분야, 잘하는 분야를 정확하게 파악해야 한다. 그리고 그 잠재력을 깨워서 세상에 긍정적인 영향을 끼칠 수 있도록 도와주어야 한다.

아무리 뛰어난 재능을 가졌다고 하더라도 후천적인 환경이 그 잠재력을 충분히 발현할 수 있게 해주지 못한다면 평범한 사람으로 살아갈 수밖에 없다. 칼 비테는 아들이 발달 장애였음에도 불구하고, 아이의 잠재력을 최대한 끌어올렸다. 그 결과 누구나 우러러보고 부러워하는 천재로 만들었다.

칼 비테는 아들이 발달이 더디다는 것이 밝혀졌을 때 아내에게 편지를 썼다.

"100의 능력을 타고난 아이라 하더라도 교육이 이루어지지 않으면 결국 그 아이는 20 혹은 30의 능력밖엔 발휘하지 못하오. (중략) 중요한 것은 교육이오. 교육만 잘 시킨다면 재능이 50%밖에 안 되는 아이도 잠재력을 80% 끌어낼 수 있고, 다른 80%의 재능을 가진 아이보다 뒤처지진 않을 거요 (중략) 우리가 할 수 있는 건 칼의 잠재력을 키워서 90% 발휘하도록 도와주는 일이요."

중요한 것은 교육이다. 아이들은 태어나면서부터 천재다. 내 아이의 천재성이 무엇인지 찾아내는 것, 그리고 그것을 키워 주는 것은 부모의 의무가 아닐까? 부모라면 러시아 교육가인 마카렌코의 말을 가슴 깊이 새겨야 할 것이다.

"사실 천재는 교육의 위대한 성과이다."

지능 발달의 골든타임을
놓치지 마라

"평범한 아이라도 제대로 된 교육을 받으면
비범한 인물이 될 수 있다."
- 엘베시우스(프랑스의 철학자)

아이를 내팽개쳐 두지 마라

내가 두 아이를 키우는 아빠다 보니 자연스럽게 아이를 둔 부모들과 이야기할 기회가 많다. 대부분의 부모는 아이들의 교육에 관심이 많다. 그런데 어떤 부모들과 이야기하다 보면 깜짝 놀랄 때가 있다.

"나는 우리 아이가 어릴 때는 놀게만 하게 할 생각이야. 내가 어릴 때 공부로 스트레스를 너무 많이 받았거든. 내 아이에게는 그런 스트레스는 절대 주고 싶지 않아. 그래서 초등학교 들어가기 전까지 교육은 전혀 시킬 생각이 없어. 그냥 신나게 마음껏 뛰어놀게만 하면 돼. 우리도 다 그렇게 컸어."

이런 견해는 일견 그럴듯해 보이지만, 상당히 위험한 생각이다. 아이의 두뇌는 영아기에 급속도로 발달한다. 부모가 여러 가지 노력을 통해 적절한 시기에 적절한 자극을 주지 않는다면 두뇌 발달이 그만큼 더뎌질 수밖에 없다. 아이의 잠재력을 깨울 기회가 사라지는 것이다.

1920년에 인도에서 실제로 있었던 일이다. 부모 없이 늑대 무리와 같이 생활하던 두 소녀가 발견되었다. 두 아이는 발견 당시 각각 2살, 7살 정도로 보였다고 한다. 늑대와 생활한 탓인지 아이들은 사람의 말을 할 수 없었고, 늑대처럼 우는 흉내를 냈다. 물론 사람이었기 때문에 늑대와 똑같은 울음소리까지 내지는 못했다. 보고 배운대로 늑대처럼 우는 것이었다. 음식도 늑대처럼 날고기를 먹었다.

두 아이 중 한 명은 교육학자의 가정에서, 다른 한 명은 목사의 집에서 양육되었다. 사람들은 두 소녀가 인간사회에 적응할 수 있도록 많은 노력을 기울였다. 하지만, 아이들은 사람들에게 적응하지 못했다. 네발로 기어다니고, 사람이 다가오면 공격적인 행동을하기 일쑤였다. 결국 동생은 1년, 언니는 9년을 살다가 죽고 말았다.

안타깝게도 소녀들은 죽을 때까지 늑대의 습성을 버리지 못했다. 그나마 언니는 9년간 살면서 단어 45개를 배웠다. 하지만 그 수준은 목이 마르면 물을 달라고 할 수 있는 정도였다고 한다.

유사한 사례가 있다. 1970년 미국에서 13세의 '지니'라는 소녀가 아버지에게서 구출되는 사건이 있었다. 지니는 두 살부터 아버지의 가정학대로 방에서만 갇혀 지냈다. 13년이라는 시간 동안 아이는 언어에 노출될 기회가 거의 없었다. 이후 학자들은 약 10년 정도 공을 들여 지니에게 언어 교육을 실시했다.

8개월 후 지니는 200개의 단어와 두 단어로 이루어진 문장을 사용할 수 있게 되었다. 그리고 1년 뒤에는 세 단어로 이루어진 문장을, 2년 뒤에는 현재 진행형을, 3년 뒤에는 과거형을 사용하게 되었다.

하지만 안타깝게도 지니의 언어능력은 정상적인 수준으로까지는 발달하지 못했다. 지니가 사용하는 말은 단어의 나열 수준이었다. 예를 들면 이런 식이다. "At school teacher give block." 맞는 문장은 "My teacher gives me a block at school."이다.

또 다른 사례로 1937년에 발견된 '이자벨'이 있다. 이자벨은 7세에 발견되었는데, 외할아버지가 농아인 엄마와 함께 이두운 방에서 가두어 키웠다. 이자벨은 엄마와 같은 장소에는 있었지만, 엄마의 목소리를 듣지 못해 말을 배울 기회가 없었다. 그래서 지니와 마찬가지로 언어능력은 거의 없는 상태였다.

하지만, 이자벨은 지니와 달리 빠른 언어 습득력을 보였다. 학자들의 교육으로 1개월 뒤 간단한 단어를 썼고, 2개월 뒤에 단문을 구사했다. 1년 뒤에는 쓰기뿐 아니라 세는 것도 가능했고, 이야기를 재구성하기도 했다. 1년 반 뒤에는 1,500~2,000개 단어를 사용했고, 여러 개의 주어와 서술어가 들어간 문장도 구사할 수 있었다.

이런 사례들을 보면 영아기에 받는 교육이 얼마나 중요한 것인지 알 수 있다. 영아기에 적절한 언어를 배우지 못하면 말할 수가 없다. 늑대 소녀들은 아무리 사람의 말을 가르쳐도 늑대처럼 울부짖었다. 적절한 시기를 놓치면 아무리 말을 가르치려고 해도 간단한 단어 정도를 말하는 수준을 넘어설 수가 없다. 그리고 늑대 소녀들은 보고 배운 것이 네발로 기어다니는 것이다 보니 두 발로 일어서서 걷지 않고 죽을 때까지 기어다녔다.

지니의 경우 보고 따라 배울 대상이 없어서 백지상태였다. 이 상태에서 언어를 교육하면 어느 정도 학습을 할 수 있다고 생각할 수도 있다. 하지만, 골든타임이 지난 버린 상태였다. 열세 살 사춘기가 다 된 나이에 언어를 접하다 보니 학습 능력이 현저히 떨어졌다. 아무리 교육을 해도 완벽한 언어 구사가 힘들게 된 것이었다.

이에 반해 이자벨은 일곱 살이라는 비교적 어린 나이에 언어 교육을 받을 수 있었다. 그래서 지니에 비해 현저하게 빠른 언어 습득

능력을 보여주었고, 상당한 수준의 어휘를 구사할 수 있었다.

지능 발달에는 골든타임이 있다

학자들은 이런 사례에 대해서 어떻게 설명하고 있을까? 신경 심리학자인 에릭 레넌버그 교수는 1967년에 "언어의 생물학적 기초(Biological Foundations of Language)"라는라는 저서를 냈다. 이 책에서 그는 '결정적시기 가설(critical period hypothesis)'을 소개했고, 이후 이 이론은 세상에 널리 알려졌다.

결정적시기 가설이 말해주는 것은 사람이 언어를 비롯한 여러 가지 능력을 습득하는데 '결정적인' 시기가 있다는 것이다. 결정적인 시기가 지나 버리면 언어를 습득하기 어렵다. 반대로 이 시기에는 언어에 노출만 되어도 자연스럽게 익힐 수 있다.

우리가 유아기에 부모님들의 말을 따라 하면서 자연스럽게 언어를 익힌 것을 생각해 보면 이해할 수 있다. 이 특정한 시기가 언제인지는 학자마다 다소 논란이 있는 것 같다. 하지만 보통 출생부터 생후 몇 년, 아무리 길게 잡아도 사춘기 정도까지로 전문가들의 견해가 일치하고 있다.

나는 평소에 그렇게 말이 많은 편이 아니다. 첫 아이를 낳았을 때 "아빠가 그렇게 말이 없으면 안 된다. 아이가 말을 빨리 배우려면 부모가 말을 많이 해줘야 한다."라고 충고해 주는 분이 계셨다. 마침 칼 비테의 교육법에 관한 책도 읽고 아이의 조기교육에도 관심이 많았던 터라 집에서는 정말 수다쟁이 아빠가 되었다.

나는 아이에게 시간이 있을 때마다 말을 걸어 주었다. 그러다가 아이가 '응'하고 반응을 보이면 끌어안고 입맞춤해 주기도 했다. 유모차에 태워 밖에 나갈 때에도 "나무한테 인사하자, 안녕~", "저기 오리가 있네. 꽥꽥~ 안녕~" 하고 조금은 과장되게 인사했다. 보름달이 뜬 밤이면 "저기 봐~ 보름달이 떴네. 인사하자~"하고 말해 주었다. 쉬지 않고 말을 걸었던 것 같다.

아이에게 도움이 된다고 생각되는 책은 시리즈로 잔뜩 구입했다. 그리고 틈날 때마다 아이 앞에 그림도 보여주면서 재미있게 책을 읽어 주었다.

그런 노력이 효과가 있었는지 우리 아이들은 또래들에 비해 말문이 빨리 트였다. 그리고 발음도 웅얼거리지 않고 명확하게 하고 있다. 아이들은 언어를 통해서 세상을 이해하고 자신의 감정을 나타내기 때문에 언어를 통한 자극은 최대한 빨리, 지속해서 이루어지는 것이 좋다.

칼 비테는 아내에게 보내는 편지에 아래와 같이 썼다.

"칼이 천재가 될지 바보가 될지는 날 때부터 결정된 게 아니라 우리가 교육하기에 달렸소. 그중에서도 가장 중요한 건 태어난 순간부터 5세까지의 교육이오."

200년 전에 어떻게 이런 생각을 했는지는 모르겠지만, 칼 비테는 당시에 퍼져 있던 '조기교육은 아이를 망칠 수 있다.'라는 통념에 반대 입장을 취했다. 덕분에 많은 반대에 부딪혔다. 하지만 칼 비테는 확고한 신념을 가지고 아이를 교육했다.

내 아이의 지능 발달에는 분명히 골든타임이 있다. 지능 발달의 골든타임을 놓치지 말자.

독이 되는 조기교육,
약이 되는 조기교육

"교육은 생명과 함께 시작해야 한다."

- 장 자크 루소(프랑스의 사상가)

조기교육, 꼭 해야 할까?

부모들을 혼란스럽게 만드는 두 가지 주장이 있다.

한쪽에서는 반드시 조기교육을 해야 한다고 한다. 아이의 지능 발달을 위해서 되도록 빨리 조기교육을 시작하라고 조언한다. 가능하면 영어 유치원도 보내고, 아이의 소근육 발달을 위해 수많은 교구도 사서 활용하라고 한다. 아이의 교육에 도움이 되는 것을 되도록 빨리 시작하는 것이 좋다는 주장이다.

다른 한쪽에서는 아이의 속도에 맞춰 천천히 교육하라고 조언한다. 조기교육에 들어가는 비용 대비 효과가 크지 않다고 한다. 오히려 부모의 욕심 때문에 자칫 아이들이 스트레스로 정서적인 어려움을 겪을 수도 있다는 주장이다. 특히 영어와 같은 외국어의 경우 모국어가 어느 정도 완성되지 않은 상태에서 무작정 습득하게 되면 오히려 부작용이 크다고 한다.

부모 입장에서는 좀 당황스러운 상황이다. 도대체 어쩌란 말일까? 어느 쪽 주장이 맞는 것일까? 아이를 위해 일찍부터 교육에 관심을 갖고 달려들어야 할까? 아니면, 자연스럽게 천천히 교육을 시켜도 되는 것일까?

조기교육을 반대하는 주장을 정리해 보면 대체로 다음과 같다.

1. 과잉 조기교육 때문에 아이들이 스트레스를 받을 수 있다. 아이의 속도에 맞춰야 한다.
2. 조기 외국어 교육은 모국어가 완전하지 않으면 부작용이 크다.
3. 아이의 흥미보다는 부모 욕심에 따라 교육시켜 학습에 부정적인 태도가 생길 수 있다.
4. 취학 전 교육이 많을수록 취학 후 학습 동기 유발이 되지 않는다.
5. 가계 경제에 부담이 되고, 지나친 사교육을 조장한다.

반면, 조기교육에 긍정적인 쪽은 아래와 같이 주장한다.

1. 교육은 어릴 때 할수록 효과적이다.
2. 어릴 때부터 다양한 자극을 받은 아이의 뇌가 더 잘 발달한다.
3. 학습을 위한 결정적 시기가 있다. 그 시기를 놓치면 학습의 효과가 줄어든다.
4. 어릴 때 언어를 배우면 정확한 발음과 억양을 구사할 수 있다.
5. 아이가 재능 있는 분야를 조기에 발견해서 계발시켜 줄 수 있다.

결론부터 말하자면 양쪽 모두 맞는 이야기이다. 아이의 잠재력을 깨우기 위해 조기교육은 반드시 필요하다. 하지만 조기교육은 '제대로' 해야 한다. 칼 비테처럼 부모가 명확한 신념을 갖고 주도적으로 해야 한다. 명확한 철학 없이 남에게 의존하는 조기교육은 부작용이 더 클 수 있다.

내가 처음으로 조기교육과 관련해서 당황스러웠던 일을 소개해보겠다. 사건은 놀랍게도 산부인과에서 시작되었다.

2011년 9월 중순, 첫 아이를 낳고 산부인과에서 며칠 있다가 산후조리원으로 이동을 준비하고 있었다. 그런데 간호사가 설소대 수술을 하면 좋겠다고 했다. 당황스러웠다. 태어난 지 며칠 되지도 않은 아이에게 수술이라니. 그런데 그 이유가 더 가관이었다. 그렇게 해주면 영어 발음이 좋아진다는 것이다.

나는 바로 인터넷으로 설소대 수술이 무엇인지 찾아봤다. 혀와 입 바닥을 연결하는 막이 짧은 경우 발음, 특히 영어 발음하는데 부자연스러울 수 있고, 모유 수유도 어려울 수 있다는 설명이었다. 고민 끝에 아이의 설소대 수술은 하지 않는 것으로 결정했지만, 내 마음은 상당히 불편했다.

이후에도 아이 교육과 관련해서 판단하기 쉽지 않은 상황에 종종 부딪혔다. 어린이집을 언제부터 보내야 할까? 어린이집은 몇 살까지 보내다가 유치원에 보내야 할까? 집에서 좀 거리가 있더라도 영어를 가르치는 유치원을 보내야 할까? 가까운 유치원을 보내야 할까? 초등학교 입학 전에 영어 유치원을 한 번은 보내야 하지 않을까? 아이의 창의성을 길러주기 위해서 입체도형을 만드는 수업을 해줘야 할까? 수백만 원이 넘는 고가의 책과 교구를 사주어야 할까? 아이의 지능 계발을 위해 학습지 선생님의 수업을 해야 할까?

끝도 없는 고민과 선택의 연속이었다. 나는 대부분 아이에게 좀 더 좋은 교육 환경을 마련해 주는 쪽으로 결정했다. 상당한 비용이 들었다. 효과가 있었는지는 객관적으로 비교하기가 쉽지 않기 때문에 답하기는 어렵다.

하지만, 내 관점에서는 불만족스러운 게 사실이다. 아이가 영아였을 때는 내가 직접 칼 비테 책을 보고 그 방식대로 적용도 해보았다. 그런데 언젠가부터 일하는 것이 바쁘다는 핑계로 주도적으로 아이를 가르치지 못했다. 그보다는 외부에 내 아이의 교육을 의존하고 있었다.

조기교육은 반드시 부모가 주도해서 '제대로' 해야 한다

조기교육을 부모가 주도적으로 하지 않고, 외부에 맡기다 보면 아이에게 여러 가지 부정적인 영향이 있을 수 있다. 대부분의 유아 학습지나 프로그램에서는 많은 영상 매체를 사용한다. 보통 DVD를 보게 되는데, 지나치게 TV 시청을 많이 하게 된다.

미국 소아청소년과 학회에서는 '2세 미만 유아는 TV를 절대 봐서는 안 된다'라는 권고안을 채택한 바도 있다. 그래서 한때 '텔레토비'라는 유아 프로그램이 시청 금지 프로그램으로 분류되기도 했다.

외국어의 경우 원어민 선생님이 진행하는 방식이 대세다. 원어민이 교육하더라도 아이들은 '감으로' 선생님이 무슨 말 하는지 자연히 알 수 있다고 한다. 반복되는 표현들이 있기 때문에, 아이들이 계속 듣다 보면 알게 된다는 것이다. 정말 그럴까? 어느 정도는 일리가 있는 말이다. 하지만 그렇게 원어민에게 맡겨만 두면 내 아이가 영어 수업 시간에 스트레스를 받고 있지는 않을까?

우리 첫째 아이는 다섯 살, 여섯 살에는 원어민 선생님이 영어 수업을 진행하는 유치원을 다니고, 일곱 살에는 영어 유치원을 다녔다. 그리고 초등학교에 입학해서는 열심히 학원도 다니고 있다. 영어는 유치원 선생님들이나 학원 선생님들이 주장하는 바대로 '제대로' 공부하고 있는 셈이다. 어느 날 내가 진지하게 물어봤다.

"선생님께서 말씀하시는 것 다 알아듣고 있어?"

"거의 알아듣는데, 조금은 모르겠어."

"수업하는데 불편하지는 않아?"

"조금 불편해."

"괜찮으면 배운 걸 아빠랑 같이 볼까?"

"응, 아빠."

아이가 영어 수업 시간에 배웠다는 내용을 테스트해 보니 생각보다 많은 부분을 놓치고 있었다. 그리고 그로 인해 스트레스도 받고 있었다. 그렇다고 당장 다니고 있는 학원을 그만두는 것은 좋은 방법이 아니라는 생각이 들었다.

"그럼, 앞으로 아빠랑 영어 공부를 해보자."

나는 학원 공부는 그대로 유지하되, 나만의 방식으로 아이의 영어를 가르치고 있다. 먼저 아이가 좋아할 만한 애니메이션을 선정한다. 그리고 그것을 함께 보면서 따라 읽는다. 모르는 표현은 내가 좀 더 부연 설명 해주기도 하고, 같이 사전을 찾기도 한다. 시간은 절대 20분을 넘기지 않는다. 칼 비테 방식이다. 그러면서 아이가 영어에 좀 더 흥미를 갖게 되고, 긍정적으로 되었다.

조기교육을 하더라도 필요할 때는 부모가 적극적으로 개입해서 생각대로 이끌어 가는 것이 필요하다. 남에게만 의존하지 말고 자녀의 특성을 파악해 부모의 철학대로 조기교육을 실행하는 것이 중요하다. 내 아이의 교육에 정답은 없지만, 하려면 제대로 해야 한다. 그렇다면 어떻게 하는 것이 '제대로' 하는 것일까?

시골 목사는 아이를 어떻게
행복한 천재로 키웠을까?

"교육은 세상을 바꾸는 데 사용할 수 있는
가장 강력한 무기이다."
- 넬슨 만델라(남아프리카 공화국의 대통령)

칼 비테, 무너진 나라에서
희망을 키우다

칼 비테(1748~1831)와 그의 아들 칼 비테 주니어(1800~1883)가 살았던 시절에 독일은 많은 변화를 겪고 있었다. 우리가 생각하는 '독일'이라는 통일된 국가는 1871년에 빌헬름 1세가 황제가 되면서 '독일제국'이라는 이름으로 처음 생겼다. 그 이전에는 라인동맹을 맺어 독일연방(1806~1871)이라는 이름으로 여러 나라들이 연방 형태로 묶여 있었다. 칼 비테가 일생의 대부분을 경험한 독일은 신성로마제국(962~1806) 시기였다.

칼 비테 주니어가 태어나고 얼마 후 1806년에 800여 년간 유지된 신성로마제국이 무너졌다. 나폴레옹의 군대 앞에서 무릎을 꿇었다. 당시에 독일인들의 충격은 상당히 컸다. 우리로 치면 조선왕조 500년이 마침표를 찍고, 일제 강점기에 느낄 법한 패배감이 팽배했던 시기라고 볼 수 있다. 이런 희망이 없는 사회적인 분위기에서 칼 비테는 '그럼에도 불구하고' 아이를 천재로 키우기 위해 고군분투했다.

칼 비테 주니어는 운이 꽤 좋은 편이었다. 당시에 아이들은 공부할 수 있는 환경을 가진 경우가 드물었다. 아이들은 어린 나이부터 부모님을 도와 일을 해야만 했다. 그렇지만 목사였던 아버지의 배려로 칼 비테 주니어는 어릴 때부터 훌륭한 교육을 받을 수 있었다.

칼 비테 주니어의 친구 중에는 집이 가난해서 책이나 필기구를 살 형편이 안 되는 아이도 많았다. 그는 한 친구에게 자기 책을 빌려주고, 용돈을 모아 학용품을 사 주기도 했다. 나중에 이 친구는 법학 교수가 되고 칼 비테 주니어의 아들을 가르치게 된다.

나는 '칼 비테'라는 인물에 대해서 찬찬히 연구하며 당시 독일에 살던 가난한 시골 목사의 입장에서 어떤 심정으로 아이를 교육한 것인지 느껴 보았다.

칼 비테에 관해 연구하면 할수록 정말 대단한 사람이라는 생각이 들었다. 그가 아들에게 보낸 편지를 보면 나까지 마음이 울컥할 정도로 사랑이 느껴진다. 나는 칼 비테를 '자녀 교육의 성인'이라고 말하고 싶다.

칼 비테는 자녀 교육에 '미친' 사람이었다. 자녀 교육에 모든 것을 걸었다. 아이의 교육을 위해 오래된 친구 같은 하인을 방언을 쓴다는 이유로 내쫓았다. 그리고 가난한 살림살이에도 불구하고 아이의 견문을 넓혀 주기 위해서라면 수시로 상당한 경비가 소요되는 여행을 계획하기도 했다. 또한 당대의 유명한 인사들과 교류를 위해 백방으로 뛰어다녔다. 이런 자식 교육에 대한 열정은 명확한 철학 없이는 생길 수 없다.

그는 자식이란 어떤 존재인가에 대해 아들에게 이렇게 말했다.

"자식은 부모의 것이 아니란다. 하나님의 자녀이기에 더욱 최선을 다해야 해."

그는 자식을 부모의 소유가 아닌, 자신과 동등한 신의 자녀로 인식했다. 단순히 대를 잇는다거나 부모의 대리 만족을 위해 자식을 가지는 것에 반대했다. 그리고 아이가 사회와 가정에 꼭 필요한 사람이 되도록 교육을 해야 한다는 신념이 확고했다. 그랬기 때문에 혼신의 힘을 다해 아들을 교육할 수 있었다.

칼 비테의 천재교육 비법

칼 비테가 어떻게 아들을 행복한 천재로 키워 냈는지 몇 가지 중
요한 점을 살펴보자.

첫째, 배우자를 선택할 때 철저하게 자녀에게 좋은 엄마인지를
기준으로 판단했다.

칼 비테는 결혼을 너무 신중하게 고민한 탓인지 50세가 넘어서
야 결혼을 할 수 있었다. 그의 아내는 목사의 딸로 부유하지는 않았
지만, 교양 있고 인자한 성품이었다. 칼 비테 주니어가 천재로 성장
할 수 있었던 것은 어머니의 힘도 컸다. 칼 비테 주니어는 이렇게 말
했다.

"엄마는 불평 한마디 없이 늘 우리의 생활을 웃음으로 가득 채워
주었다. 나는 유년 시절에 신동으로 불리며 모든 아이의 본보기가
되었다. 많은 사람은 이를 두고 아버지가 노력하는 결과라고 말했
지만, 만약 엄마가 아니었다면 이 모든 일은 불가능했을 것이다."

둘째, 아이가 태어나기 전에 만반의 준비를 했다.

칼 비테는 당시 독일의 권위적인 교육 방식에 대해 부정적인 입
장이었다. 그래서 스스로 교육 방법을 찾기로 결심했다. 그러면서

가장 먼저 한 일이 무엇이었을까? 바로 천재들이 고전에서 이야기한 교육법의 핵심에 대해서 연구한 것이다.

그는 고대 그리스 철학자 플라톤의 《국가론》, 네덜란드 인문학자 에라스무스의 《유아 교육론》, 영국 철학자 로크의 《교육론》, 프랑스 철학자 루소의 《에밀》 등의 교육 이론서를 탐독했다. 그리고 스위스의 교육자 페스탈로치와는 젊은 시절부터 교류했다.

빛나는 고전 속에서 칼 비테는 조기교육에 대한 확신을 얻었다. 그는 아들에게 쓴 편지에서 이렇게 말했다.

"현 교육계에서 너무 이른 조기교육은 아이의 건강과 사고를 해칠 수 있으니 7, 8세부터 교육을 시작하는 것이 가장 좋다고 한다. (중략) 난 이를 받아들일 수 없다. 고대 그리스 아테네에서는 조기교육을 시행한 결과, 뛰어난 천재들이 하늘의 별처럼 많았다고 한다. 분명 조기교육이 아이의 후천적인 재능 계발에 긍정적이라는 뜻이다. 나는 내 아이가 그 어떤 교육적 해를 당하지 않도록 모든 불합리한 것들을 버리고 스스로 최고의 교육 방법을 찾을 것이다."

셋째, 태교에 각별히 신경 썼다.

칼 비테 주니어의 형이 태어난 지 며칠 만에 장티푸스로 세상을 떠난 것도 칼 비테가 태교를 중요시한 이유였다. 하지만 그가 태교에 힘쓴 더 큰 이유는 아이의 천재성이 임신기에 결정된다는 확신 때문이었다.

칼 비테의 아내가 임신했을 때 지킨 태교 수칙은 아래와 같다.

1. 일찍 자고 일찍 일어난다. 밤늦게 하는 활동을 하지 않는다. (기도, 독서 포함)

2. 휴식 시간을 엄격히 지킨다.

3. 부부가 자주 야외에서 산책을 하면서 신선한 공기를 마신다.

4. 다른 지출을 아껴서라도 산모에게 영양이 풍부하고 몸에 좋은 음식을 준다.

5. 산모를 정성스럽게 보살펴 주고, 기분이 우울해지지 않도록 신경 쓴다.

6. 산모는 즐거운 마음으로 자주 노래를 흥얼거린다.

7. 산모에게 좋은 책을 많이 보여주고, 자기 전에는 시를 읊어 준다.

8. 혹시 모를 감염에 대비해 동물은 기르지 않는다.

넷째, 자신과 아이에 대한 믿음이 있었다.

칼 비테 주니어는 태어났을 때 죽음의 위기를 겪었다. 이후에도 자주 병치레하는 등 건강이 좋지 않았다. 심지어 발달 속도가 느렸다. 주변 사람들뿐 아니라 아이의 엄마까지도 절망하는 상황에서도 칼 비테는 자신과 아이를 믿었다. 그는 아내에게 이렇게 말했다.

"나는 우리 아들이 저능아라고 생각하지 않소. (중략) 칼이 이렇게 된 게 선천적 결함 때문만은 아니오. 조산한 데다 잦은 병치레를 하면서 뭔가 문제가 생긴 게 분명하오. 하지만 우리가 잘만 키우면 칼은 분명 똑똑한 아이로 자라 줄 거요."

이런 믿음으로 결국 칼 비테 주니어는 최고의 지성인으로 성장했다.

다섯째, 아이를 사랑하는 마음으로 끊임없이 관찰하고 연구했다.

칼 비테는 꾸준히 일기를 쓰는 사람이었다. 동시에 그는 아이를 키우면서 별도로 일종의 학습 노트를 썼다. 여기에는 아들을 교육하면서 관찰하고 고민한 내용으로 가득하다. 예를 들면 '오늘은 칼이 평소보다 몇 분 늦게 일어났는데 전날 감기, 몸살 때문이라 더 잘 수 있게 그대로 뒀다.'라는 식이다. 그리고 아들이 잘못된 행동을 했을 때 어떤 식으로 이야기를 해줄지에 대해서도 항상 연구했다.

여섯째, 존경받고 행복한 지성인이 될 수 있도록 전인적인 교육을 했다.

칼 비테는 아들을 단순히 똑똑하기만 한 사람으로 만들고 싶어 하지는 않았다. 다른 사람의 아픔을 아는, 누구에게나 사랑받는, 행복한 천재로 키우고 싶었다. 그래서 그는 아들에게 공부 이외에도 운동, 여행, 봉사 등 여러 가지 활동을 할 수 있게 해주었다. 그리고 인성 교육과 가치관에 대한 교육은 특히 엄하게 했다.

보통 '조기교육'하면 독일의 프뢰벨, 이탈리아의 몬테소리 등을 떠올린다. 사실 그들 모두 칼 비테의 영향을 받았다. 근대 교육의 아버지인 페스탈로치 또한 칼 비테와 평생 교류했다.

칼 비테는 당대 최고의 천재 교육자였다. 그리고 그의 교육법은 200년이 지난 지금도 유효하다. 그는 아이가 태어난 이후에 교육을 어떻게 시작했을까?

칼 비테에게 배우는
조기교육의 정석

"자녀교육의 핵심은 지식을 넓히는 것이 아니라
자존감을 높이는 데 있다."
-레프 톨스토이(러시아의 소설가)

주위에 부모들과 이야기해 보면 조기교육이 필요하다는 점에 대해서는 많은 사람이 인정한다. 조기교육을 반대하는 사람들도 너무 비용을 들이지 않으면서 잘만 한다면 필요하다고는 생각한다. 조기교육은 전혀 필요하지 않고 아이는 그냥 방치하기만 하면 된다고 생각하는 부모는 거의 만나 보질 못했다.

하지만 정작 조기교육을 어떻게 하는 것이 좋을지 방법은 잘 알지 못하는 경우가 대부분이다. 그래서 우물쭈물하다가 적절한 교육 시기를 놓치고 만다. 그러다가 아이가 조금 자라면 불안한 마음에 결국 학원에 맡기는 경우가 허다하다. 그러면서 자식 교육에 돈이 너무 많이 들어간다고 푸념한다.

조기교육은 어려운 것이 아니다. 누구나 아이를 위해 고민하다 보면 생각할 수 있는 것이다. 그리고 조기교육은 누구에게 맡길 것도 아니다. 부모가 노력하면 충분히 할 수 있다. 이제 칼 비테의 사례를 통해 조기교육, 특히 영유아기 교육의 올바른 방법에 대해 알아보자.

칼 비테 주니어는 아버지의 조기교육에 대해서 이렇게 말했다.

"나는 감히 내가 천재라고는 말할 수 없다. 내가 열 몇 살 때 스무 살, 서른 살의 사람들이 하지 못한 일을 해낼 수 있었던 것은 결코 내가 천재여서가 아니다. 어렸을 적부터 시작된 아버지의 조기교육이 훗날 내가 원하는 일을 하고 성공을 거두는 밑거름이 되었다."

1. 건강을 최우선으로 생각한다

칼 비테는 아이의 건강을 가장 중요하다고 생각했다. 아이가 건강하지 않으면 무슨 일을 하더라도 열정적으로, 끈기 있게 할 수 없다. 집중력이 부족한 아이들을 가만히 살펴보면 건강상 문제가 많은 경우가 종종 있다. 우리가 살아가다 보면 집중적으로 열심히 공부해야 하는 시기가 있다. 그때 건강하지 않으면 아무것도 이룰 수 없다. 어릴 때 건강을 살펴 주고 건강에 좋은 습관을 들이는 것은 너무나 중요하다.

칼 비테는 아이가 어릴 때 정해진 시간이 아니면 우유를 먹이지 않았다. 배고프다고 울 때마다 우유를 주면 아이의 건강을 해칠 수 있다는 이유에서다. 실천하기가 쉽지 않은 일이다. 아이를 키워 본 부모들은 알 것이다. 아기가 울 때 목소리가 얼마나 큰지. 그걸 참았다는 것은 정말 대단한 일이다. 이건 칼 비테 보다 그의 아내가 더 대단한 인내심을 발휘한 것이다. 비테 부부는 이유식으로 넘어가는 시기에는 아이에게 최고의 음식을 먹이기 위해서 영양사처럼 연구하면서 식단을 만들었다.

건강하기 위해서는 운동도 매우 중요하다. 칼 비테는 아기 때부터 잘 놀 수 있게 팔다리를 포대기로 싸지 않고 움직일 수 있게 했다. 그리고 목욕시키면서 안마도 하고 체조도 시켰다. 아이가 걸을 수 있게 된 뒤에는 날씨와 관계없이 장시간 산책했다. 그리고 대자연과 함께 어울려야 몸이 건강해진다는 신념에서 어지간한 거리는 걷게 했다.

2. 규칙적인 생활 습관을 길러 준다

칼 비테는 아이가 규칙적인 생활 습관을 갖도록 노력했다. 이것은 건강에도 도움이 된다. 역사적으로 뛰어난 업적을 남긴 사람 중에도 규칙적으로 생활한 사람들이 많다.

독일의 대철학자 칸트는 항상 일정한 시각에 일어나고, 밥을 먹었다. 그리고 정해진 시간에 산책했는데, 그 시각이 어찌나 정확했던지 칸트가 산책하는 모습을 보고 사람들이 시계를 맞췄다는 일화가 전해 올 정도다.

칼 비테는 아들이 어느 정도 자란 후에 일찍 자고 일찍 일어나는 습관을 지키게 했다. 보통 아침 6시에 일어나 저녁 9시에는 자도록 했다. 어릴 때는 하루 시간표를 만들어 주다가 아이가 여덟 살이 된 이후에는 스스로 시간표를 짜도록 했다. 그리고 스스로 생활에 책임지도록 했다.

하루는 친척들이 놀러 와서 아이들끼리 신나게 놀고 있었다. 칼 비테는 저녁 9시가 되어 아들에게 자라고 했지만 신나게 놀고 있는 아이에게 그 말이 들릴 리가 있겠는가. 조금만 더 놀고 잔다는 아들에게 칼 비테는 이렇게 말했다.

"네가 직접 결정하렴. 네가 몇 시에 잠을 자든 내일 아침엔 반드시 6시에 일어나야 해. 사람은 자기 행동에 책임을 져야 하는 거야."

칼 비테 주니어는 밤 11시까지 놀다가 잤고 다음 날 6시에 일어나서 하루 종일 몽롱한 상태로 보내야 했다. 칼 비테는 화를 내는 대신 이렇게 스스로 깨닫게 만드는 방식으로 아이를 교육했다. 이런 건 누가 해줄 수도 없는 교육이다. 건강한 생활 습관을 들이는 것처럼 가장 중요한 교육은 부모의 몫이다.

3. 조기에 지능 계발교육을 시작한다

칼 비테는 아이가 태어난 뒤 15일부터 지능 계발교육을 시작했다. 칼 비테 전도사를 자처하는 내가 주변 사람들에게 이 이야기하면 다들 놀란다. '15개월이 아니고 15일이라고?' 지능 계발교육이라고 해서 거창한 것은 아니다. 아이의 감각 기관을 자극하는 것이다. 칼 비테는 아이의 청각 자극을 위해서 자상한 목소리로 시를 읽어 주었다. 특히 로마의 시인 베르길리우스의 장편 서사시 《아이네이스》를 반복해서 읽어 주었다.

갓 태어난 아이가 시를 듣고 얼마나 이해하겠는가? 그런데 신기한 것은 아이가 자기도 모르게 어느새 그 시들을 외울 수 있게 되었다는 것이다.

칼 비테는 아이에게 시각적인 자극을 주기 위해 방에 화려한 색상의 벽지를 붙여 주었다. 그리고 그 위에는 멋진 그림을 붙여 놓았다. 아버지의 노력 덕분에 칼 비테 주니어는 방에 들어갈 때마다 다른 세상에 들어가는 느낌을 받았다고 한다.

칼 비테는 시각 자극을 위한 컬러 게임을 개발해서 아이와 함께 했다. 먼저 색종이와 색연필을 준비한다. 아빠가 색종이에 여러 가지 색깔로 선을 긋는다. 아이가 뒷면에 아빠가 그린 선과 같은 색, 같은 길이로 선을 그리면 이긴다. 언뜻 보면 별것 아닌 것 같아도 색깔과 물체의 구분하는 힘과 관찰력을 길러줄 수 있다.

칼 비테는 아들의 암기력을 향상하기 위해 '사물 관찰하기' 놀이도 개발했다. 방법은 어렵지 않다. 시장 같은 곳을 지나다가 갑자기 질문을 한다.

"방금 진열대에 뭐가 놓여 있었는지 기억나니? 그게 어떤 용도로 쓰이는지도 알고 있니?"

이런 질문에 정확하게 대답하면 작은 사탕 따위를 상으로 준다. 틀렸을 때는 틀린 사실에 자체에 대해서는 혼내거나 비난하지 않고 어떤 점을 틀렸는지 세세하게 알려준다.

4. 호기심과 상상력을 자극한다

칼 비테는 호기심과 상상력을 자극하는 것을 굉장히 중요하게 생각했다. 그는 수많은 동화, 이솝 우화, 그리스 로마 신화 등을 아이에게 몇 번이고 반복해서 읽어 주었다. 덕분에 칼 비테 주니어의 유년 시절은 풍부한 상상으로 가득했다.

우리 집에는 그리스 로마 신화, 이솝 우화, 동화책들이 책장 가득하다. 책 사는 데는 절대 돈을 아끼지 않는다는 내 원칙에 따라 당장 읽지 않는다고 하더라도 좋은 책은 충분히 사 두었다. 나는 아이들과 시간이 날 때마다 책을 즐겁게 읽곤 한다.

신기한 것은 분명히 여러 번 읽어 준 내용이라도 아이들은 재미있게 듣는다는 것이다. 특히 그리스 로마 신화는 상상으로만 존재할 법한 괴물이나 신의 이야기가 많이 나와서 아이들의 상상력을 자극한다. 신화를 읽어 주고 나면 질문 보따리가 풀어진다.

칼 비테의 조기교육의 정석, 어떤가? 특별한 것 같으면서 특별하지 않다. 어려운 것 같으면서도 어렵지 않다. 누구나 고민해 보면 생각해 낼 수 있는 방법이다. 문제는 의지다. 내 아이를 내가 직접 잘 교육해야겠다는 의지. 그것이 있으면 어떤 부모라도 성공적으로 조기교육을 이끌어 갈 수 있다.

행복한 천재,
칼 비테 주니어

"나의 유년 시절은 한 마디로 하나씩 성취감을 맛보는
과정의 연속이었다. 다시 말해, 작은 성공의 기쁨이 성취감을 낳고,
그 성취감이 더 큰 성공을 낳았다."

- 칼 비테 주니어(독일의 학자)

아이의 행복은 부모의
사랑이 좌우한다

초등학생 때 일이다. K라는 친구가 있었다. 그 아이는 다른 친구
들에게 평판이 좋지 않았다. 거짓말을 일삼는다는 것이다. 나는 평
소 친구들을 편견 없이 대하는 편이었다. 그 친구와는 따로 이야기
를 많이 해본 적도 없었다. 그래서 아이들의 말만 듣고 K에 관한 판
단을 하지는 않았다.

하루는 K가 나에게 와서 자기 집에 관해서 이야기해 주었다.

"우리 집에는 로봇 강아지가 있어서 내가 집에 가면 꼬리를 흔들

고 쫓아와."

순진했던 나는 그 친구의 말을 믿었다. 그리고 그 친구 집에 있다는 로봇 강아지를 꼭 한번 보고 싶었다. 그런데 이상하게도 K는 이 핑계 저 핑계 대면서 집에 놀러 가자는 말은 하지 않았다.

그런데 K와 친하게 지내면서 다른 아이들이 조금씩 나를 피하는 것 같았다. 날이 갈수록 K의 이야기도 너무 과장된 것이 아닌가 하는 의심이 들었다.

"오늘은 너희 집에 꼭 한 번 놀러 가 보자. 애들이 네가 하는 말이 다 거짓말이라는데, 내가 확인해 보고 싶어서", "아니, 왜? 아니야, 안 돼!!!"

K는 도망치듯 자리를 피했고, 그 뒤로 나와 얼굴을 마주치려고도 하지 않았다.

알고 보니 K는 몹시 가난하게 살고 있었다. 아버지는 돌아가셨고, 어머니는 집을 나가 몇 년째 연락이 되지 않는다는 것이었다. K는 연로하신 할머니와 작은 집에서 살고 있었다.

지금 생각해 보면 K는 '뮌하우젠증후군'이라고 불리는 일종의 허언증이 있었던 것 같다. 주변 사람의 관심을 끌려는 의도로 자신의 이야기를 부풀려 말하는 것이다. 어릴 때 부모님의 충분한 사랑을 받지 못한 사람들에게서 볼 수 있는 증상이다.

아이가 부모에게 받는 사랑은 너무나 소중하다. 그 사랑을 충분히 감동적으로 느낄 수 있다면 더할 나위 없이 좋을 것이다. 칼 비테 주니어는 아버지와 어머니의 사랑을 듬뿍 받고 자랐다. 그리고 아버지의 조기교육 과정에서도 그 사랑을 충분히 느꼈다. 칼 비테의 교육은 영재로 만들려는 것만을 목적으로 하지 않았다. 아이에 대한 사랑이 우선이었다.

당시에 많은 사람이 칼 비테 주니어가 이룩한 학업의 성취를 보고 하루 종일 공부만 할 것으로 생각했다. 하지만 실제로는 그렇지 않았다. 처음에는 한 번에 15분 넘게 책상에 앉아 있지 않았다. 글을 읽을 수 있는 나이가 되어서도 하루에 세 시간 이상은 공부하지 않았다. 대부분의 시간은 자연을 즐기면서 산책하거나 뛰어놀았다.

칼 비테는 아들에게 공부하라고 잔소리를 하기보다는 흥미를 불러일으켜 스스로 공부하겠다고 말할 때까지 기다렸다. 한 예로, 칼 비테 주니어는 아버지와의 산책을 통해서 식물과 동물에 관심을 가지게 되었다. 산책할 때마다 아버지가 꽃을 해부 해주고, 재미있는 동물 이야기를 해주니 자연스럽게 흥미가 생긴 것이다.

이후 칼 비테 주니어는 동물학과 식물학책을 스스로 읽기 시작했다. 칼 비테는 아들에 대한 사랑을 바탕으로 치밀한 전략을 짜고 아이에게 공부의 즐거움을 선물한 것이다.

칭찬으로 성취감을 느끼게 하자

아이는 언제 행복감을 크게 느낄까? 자신이 잘한 일에 대해서 주변 사람들에게서 인정받을 때일 것이다. 특히 부모로부터 받는 칭찬은 성취감을 맛보게 해주고, 행복감을 높여 준다. 성취감은 마약과 같다. 사람은 한 번 크게 성취감을 느끼면 더 큰 성취감을 느끼고 싶어진다. 이런 심리를 자녀 교육에 활용해 본다면 어떨까?

칼 비테는 아이가 어렸을 때 작은 일이라도 잘 해내면, 아낌없이 칭찬해 주었다. 그것을 통해 큰 성취감을 맛보게 해준 것이다. 그리고 아들을 크게 칭찬할 만한 일이 있을 때는 작은 파티를 열어 주기도 했다.

하루는 칼 비테가 아이가 덧셈과 뺄셈을 익힌 기념으로 조촐한 파티를 열었다. 그는 맛있는 요리를 준비하고 친한 친구들을 집으로 불렀다. 그의 친구들은 아이를 충분히 칭찬해 주고 돌아가면서 덧셈과 뺄셈 문제를 냈다. 아이가 문제를 다 맞힌 것은 말할 것도 없다.

그날 얼마나 강렬한 성취감을 경험했겠는가? 이후 칼 비테 주니어는 짧은 시간 안에 곱셈, 나눗셈, 대수학, 기하학까지 정복했다. 그는 유년 시절을 이렇게 회상한다.

"나의 유년 시절은 한 마디로 하나씩 성취감을 맛보는 과정의 연속이었다. 다시 말해, 작은 성공의 기쁨이 성취감을 낳고, 그 성취감이 더 큰 성공을 낳았다."

관용으로 행복한 천재로 키우자

누구나 실수를 할 수 있다. 상황상 부모에게 '당연히' 혼을 나야 하는 경우도 많다. 하지만 이럴 때 부모가 너그럽게 용서해 준다면 어떻게 될까? 오히려 더욱 깊이 잘못을 뉘우칠 것이다. 그리고 부모의 깊은 사랑을 느낄 수 있다.

칼 비테 주니어는 사람들이 천재가 된 특별한 비결이 있냐고 물어 오면 이렇게 대답했다.

"비결이야 물론 있죠. 그건 바로 관용이에요."

잘못을 저질렀을 때 그 자리에서 바로 부모님께 심하게 혼나면 반발심이 생기는 것을 누구나 경험했을 것이다. 칼 비테는 아들이 잘못을 저질렀을 때 바로 꾸짖는 경우가 거의 없었다. 시간을 두고 역지사지의 경험을 통해 스스로 느끼고 반성할 수 있도록 했다.

한 번은 아들이 친구와 노느라 칼 비테와 낚시를 가기로 한 약속을 잊어 버렸다. 그는 30분 동안 기다려야 했다. 그는 늦게 온 아이에게 별말을 하지 않고 함께 낚시하러 강으로 갔다. 강에 도착하자마자 그는 저녁 6시에 만나자고 말하고 상류로 고기를 잡으러 갔다.

어떤 일이 일어났을까? 칼 비테는 저녁 7시가 되어서야 물고기를 한 손에 들고 웃으면서 아들에게 다가왔다. 어두워지는 강가에서 한 시간 동안이나 기다린 아이는 볼멘 목소리로 아버지를 탓했다. 하지만 돌아온 대답에 반성할 수밖에 없었다.

"내가 시간을 안 지키니까 기분이 나쁘고 불안해졌지? 낮에 네가 늦게 들어왔을 때 아빠 마음이 어땠을지 이제 알겠니?

칼 비테는 엄격함과 관용 사이에서 중심을 잘 잡았다. 매일 일과표를 철저하게 작성하고 관리하면서도 여백을 남겨 두었다. 만약 그가 빽빽한 일과표대로 아이를 숨도 못 쉬게 옥죄었으면 칼 비테 주니어는 천재는커녕 정신병자가 되었을 것이다. 그것은 사랑이 아니다.

첫째 아이가 8살 때, 나는 아들과 상의해서 리스트 하나를 만들었다. 더 좋은 생활 습관을 지니기 위해서 함께 고민한 것이다. 아이는 이렇게 리스트를 작성했다.

1. 내가 할 일은 스스로 합니다.
2. 학교 다녀와서 스스로 숙제 합니다.

3. 할 일을 다 하고 나서 놉니다.

4. 엄마 아빠가 잘 시간이라고 말하면 바로 잡니다.

5. 어른들에게 큰 소리로 인사합니다.

6. 모르는 단어가 있으면 사전을 찾아서 알아봅니다.

7. 하루에 다섯 번 동생에게 양보합니다. (동생이 아프면 열 번 양보합니다.)

이것을 A4용지에 출력해서 아이에게 서명하게 하고 벽에 붙여 놓았다. 그리고 매일 점검해 보았다. 아이가 항상 잘 지키지는 않았지만, 대부분 스스로 잘 지켰다. 저녁에 숙제를 다 하지 않았으면 스스로 방에서 공부했다.

단순히 엄격하기만 한 것은 쉽지만 위험한 길이다. 아이를 내 뜻대로 하기 위해 소리를 지르는 것은 부모의 감정 배설일 뿐이다. 칼 비테처럼 사랑, 칭찬, 관용으로 아이를 키운다면 내 아이도 행복한 천재가 될 수 있다.

건강한 두뇌 발달을 위한
칼 비테 교육 비법

"부모의 장기적인 시야가 자녀의 꿈을 결정짓는
중요한 요소가 된다"
- 루이 파스퇴르(프랑스의 화학자)

결정적인 시기에 적절한
자극은 천재를 만든다

최근 뇌 과학 이론의 발달에 따라 부모들 사이에서 아이들의 두
뇌 발달 시기에 맞는 육아법에 대한 관심이 높다. 뇌 과학 이론에 따
르면 뇌는 영역별로 각기 고유한 기능을 담당하고 있다. 그리고 그
기능이 비약적으로 발달하는 결정적인 시기가 있다고 한다.

선천적으로 타고난 두뇌는 어떻게 할 수가 없다. 하지만 출생 이
후에도 뇌의 기능은 충분히 발달할 수 있다. 그것은 시냅스에 달려
있다.

우리 뇌에는 약 1,000억 개 정도의 뉴런이 있다. 그리고 뉴런과 뉴런을 연결하는 시냅스가 있다. 뉴런은 그 수에 큰 변화가 없이 고정적이다. 하지만, 시냅스는 쉽게 생기기도 하고 사라지기도 한다. 자극을 주면 생기고, 사용하지 않으면 사라지는 것이다.

뇌의 특정 기능이 발달하는 결정적인 시기에 그에 맞는 적절한 자극을 주면 어떻게 될까? 시냅스의 폭발적인 증가로 그 기능이 평범한 사람을 뛰어넘는 천재가 될 수 있다.

뇌 과학에서 밝힌 뇌의 구조와 기능

우리 뇌는 3층 구조로 되어 있다.

1층은 '생명의 뇌'로 뇌간과 소뇌가 자리 잡고 있다. 호흡, 수면, 체온 등 생명 유지를 담당한다. 이 중 소뇌는 몸의 평형 유지, 동작이나 움직임을 조절하는 기능을 수행한다. 또한 자전거 타기처럼 몸으로 익히면 평생 잊지 않는 무의식적인 기억을 담당한다. 소뇌는 출생 후에 24개월까지 급격하게 발달하여 성인 수준이 된다.

2층은 '감정의 뇌'로 변연계(해마, 편도체 등)가 있다. 기억, 감정, 호르몬 조절 등을 담당한다. 이 중 해마는 단기기억을 장기기억으로 넘기는 역할을 한다.

3층은 '이성의 뇌'로 대뇌피질이다. 문제해결력, 창의력, 고등 감정 조절 등을 담당하며 인간을 인간답게 만드는 뇌다. 대뇌피질은 위치와 기능에 따라 크게 4개의 부분으로 나뉜다.

1. 전두엽

사고력, 판단력, 문제해결력, 기억력, 집중력, 창의력, 감정조절 등 가장 고차원적인 기능을 담당한다. 이 부분은 대뇌피질에서 가장 넓은 부분을 차지하며, 영유아기부터 시작해서 사춘기까지 지속해서 발달한다. 좌전두엽의 브로카 영역은 말하기를 담당하며 생후 18개월~6세 사이에 급격히 발달한다.

2. 측두엽

청각, 언어에 대한 이해, 기억, 통찰력 등을 담당한다. 청각은 생후 3개월부터 시작해서 12개월까지 급격하게 발달한다. 그리고 좌측두엽의 베르니케 영역은 말을 듣고 이해하는 능력과 관련이 있으며, 생후 12개월 이전~24개월 사이에 급격히 발달한다.

아이들이 부모의 말을 듣고 이해하는 것과 스스로 말하는 것이 시기적으로 차이가 나는 이유는 베르니케 영역이 브로카 영역보다 더 빨리 발달하기 때문이다.

3. 두정엽

입체/공간적 사고, 계산 및 논리수학적 사고, 감각 정보의 통합 등을 담당한다. 일반적으로 남자아이들이 여자아이들보다 더 잘 발달하여 있다.

4. 후두엽

시각 처리, 공간기억력을 담당한다. 생후 3개월부터 12개월까지 급격하게 발달한다. 생후 6개월 정도부터는 두 눈을 함께 써서 사물을 3차원적으로 볼 수 있게 된다.

칼 비테의 두뇌 발달 조기교육 Tip

앞에서 살펴본 칼 비테의 조기교육법이 두뇌 발달과 어떻게 연계되는지 알아보자. 부모를 위한 Tip을 참고하여 활용하면 도움이 될 것이다.

1. 오감을 자극한다

오감 자극은 아이가 태어나자마자 바로 시작해야 한다. 청각과 시각은 생후 3~12개월에 급격히 발달한다. 오감 자극으로 측두엽, 후두엽, 두정엽, 소뇌 등을 발달시킬 수 있다.

◆ **부모를 위한 Tip**

- 아이의 잠재력에 새긴다는 마음으로 좋은 책을 선정하여 읽어준다. (부록 추천도서 참고)
- 아이의 손에 물건을 쥐여 주며 반복적으로 이름을 알려준다.
- 다양한 색감을 익힐 수 있도록 색종이 위에 색연필을 칠하면서 놀이한다.
- 아이의 방 벽지 색을 강렬한 색으로 바꾸고 그림을 걸어둔다. 미술관에 데리고 간다.
- 흙, 모래, 클레이 등 소근육을 자극할 수 있는 재료를 이용해 촉감을 자극한다.
- 꽃향기나 차의 향 등을 맡게 하고 설명해 준다.
- 클래식 등 좋은 음악을 들려준다. 피아노 등 악기를 갖고 함께 논다.

2. 호기심을 자극한다

호기심은 뇌를 살리는 특효약이다. 특히 전두엽은 호기심으로 깨어난다. 전두엽은 익숙한 것보다 새로운 것에 반응한다. 도전적이고 창의적인 천재를 키우는 핵심은 호기심이다. 아이가 태어나자마자부터 성인이 될 때까지 지속해서 호기심을 자극해 주자.

◆ **부모를 위한 Tip**

• 아이에게 바로 답을 가르쳐 주지 말고 '너는 어떻게 생각하니?' 하고 질문한다.

• 자주 산책을 하면서 눈에 보이는 모든 것에 대해 질문한다. '저 개미는 어디로 가고 있을까?', '저 새는 뭐라고 말하고 있을까?', '구름 색깔이 오늘은 왜 회색일까?'

• 궁금한 것이 생겼을 때 더 많은 것을 스스로 공부하도록 유도한다. '《오디세우스》를 보면 저기 스타벅스에 있는 세이렌이 누군지 알 수 있을 텐데. 읽어 보고 싶을 때 이야기하렴', '지금 아빠가 바쁜데 방금 물어본 말은 국어사전을 찾아볼래?'

• 새로운 자극을 주기 위해 노력한다. (여행, 전시회, 새로운 사람 만나기 등)

3. 스트레스를 받지 않게 한다

충분한 수면과 적절한 운동으로 아이가 스트레스를 받지 않게 해야 해마가 활성화된다. 잠을 잘 때 해마는 단기기억을 장기기억으로 전환 시킨다. 칼 비테는 아이의 공부는 짧게 하고 휴식을 잘 취할 수 있게 했다. 그리고 놀이를 통해 재미있게 배울 수 있도록 연구했다.

◆ **부모를 위한 Tip**

- 아이가 규칙적으로 생활하게 한다. 충분한 수면시간을 확보한다.
- 매일 운동할 수 있는 환경을 만든다.
- 6세 이전에는 책상에 앉게 하지 않는다. 한 번에 15분 이상 공부를 시키지 않는다.
- 모든 학습을 놀이처럼 만든다. (카드 게임, 사물 기억 놀이, 동네 지도 그리기 등)

4. 정서적인 유대를 강화한다

아이의 정서발달은 생후 24개월 이전이 결정적 시기다. 기본 감정은 신생아부터 나타나지만, 긍지나 자부심 같은 자아의식과 관련한 정서는 2세 정도는 되어야 발달한다. 24개월 이전 부모와의 정서적 유대는 아이의 자신감과 독립심에 결정적인 영향을 준다. 정서적인 발달은 변연계와 전두엽에 자극을 준다.

◆ **부모를 위한 Tip**
- 아이가 잘한 것에 대해서는 충분한 칭찬을 해주고 성취감을 맛보게 한다.
- 아이의 감정에 즉각적으로 크게 반응해 준다.
- 야단을 칠 때는 일관성과 원칙을 갖고 한다. 감정적인 체벌은 절대 금물이다.

5. 스스로 설명하게 한다

가장 좋은 학습 방법은 배운 것을 머릿속에서 정리해서 누군가에게 설명하는 것이다. 언어를 듣고 말하는 능력의 습득은 생후 6개월~6세 사이가 결정적이다. 아이에게 무엇인가를 설명하게 하면 대뇌피질 전반이 활성화된다.

◆ 부모를 위한 Tip

• 여행, 전시 등 새로운 경험을 하고 나서 아이에게 관찰한 것과 느낀 점을 설명하게 한다.

• 읽은 책에 대해서 줄거리와 느낀 점을 이야기하도록 한다.

• 아이가 느끼는 감정에 대해서 수시로 물어보고 이야기하게 한다.

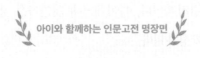
◆

변신이야기
(오비디우스)

원전 읽기

디오니소스는 왕에게 원하는 것을 마음대로 고를 수 있게 해주었는데, 그것은 즐겁지만 무익한 선물이었다. 왕은 "내 몸에 닿는 것은 무엇이든 황금이 되게 해주소서!"라고 말했다. (중략)

그는 반신반의하며 키가 크지 않은 떡갈나무에서 푸른 가지를 하나 꺾어보았다. 가지는 황금이 되었다. 그는 땅에서 돌멩이를 하나 집어 들었다. 돌멩이가 금빛으로 빛났다. (중략)

그가 빵에 손을 뻗치자, 빵은 굳어졌다. 그리고 탐욕스러운 이빨로 진수성찬을 먹으려고 하면 그의 이빨에 씹히는 것은 얇은 황금 조각뿐이었다. (중략)

"용서해 주소서. 제가 죄를 지었나이다. 저를 불쌍히 여

기시어 이 번쩍이는 저주에서 구해 주소서!" (중략)

그는 여전히 미련한 사람인지라, 그의 어리석은 생각은 또다시 이전처럼 그 주인에게 해를 끼쳤다. 미다스는 다른 부분에서는 모두 인간이었으나 한 부분에서만 벌을 받아, 느릿느릿 걷는 당나귀의 귀를 갖게 되었다. (중략)

무쇠로 그의 긴 머리털을 잘라주곤 하던 하인이 그 귀를 보았다. 그는 자기가 본 수치스러운 광경을 차마 누설할 수가 없었다. 하지만, 하인은 외딴곳에 가서 구덩이를 파고는 나직한 목소리로 그 구덩이에 대고 자기 주인이 어떤 귀를 하고 있는지 본대로 속삭였다. (중략)

그런데 그곳에 속삭이는 갈대숲이 우거지기 시작하더니, 그 해가 끝날 무렵 키가 다 자라자, 그것을 심은 자가 누군지 누설했다. 갈대가 미풍에 흔들리자, 하인이 묻었던 말을 되풀이하며 그의 주인의 귀에 관한 비밀을 폭로했다.

작가의 이야기

'미다스의 손'이라는 말을 한 번쯤은 들어봤을 것이다. 이 말은 돈 버는 능력이 뛰어나 손을 대는 것마다 큰 수익을 내는 사람을 지칭한다. 하지만, 신화 속의 미다스는 어리석은 왕으로 묘사된다.

사건의 전말은 이렇다. 술의 신인 디오니소스는 술에 취한 스승 실레노스를 잃어버렸다. 그런데 미다스가 그를 찾아 주었다. 그러자 디오니소스는 보답으로 소원을 하나 들어준다. 미다스는 이때 어리석게도 자기 몸에 닿는 모든 것을 황금으로 만들어 달라는 소원을 빈다.

신에게서 받은 능력이 처음에는 좋아 보였지만, 그 때문에 음식조차 먹을 수 없게 되었다. 마침내 미다스는 용서를 구하고, 팍톨로스 강에 죄를 씻고 다시 평범한 인간으로 돌아갔다. 여기서 끝이 아니다. 어리석은 사람은 쉽게 지혜로워지지 않는다. 미다스는 음악의 신 아폴론과 전원의 신, 판의 연주 대결에서 모두가 동의하는 의견을 뒤집는다. 판의 피리 연주가 더 좋다고 한 것이다. 눈치 없게 음악의 신 아폴론 앞에서 말이다.

결국 미다스는 아폴론의 노여움을 사 당나귀 귀를 가지는 운명이 된다. 그의 이발사는 이 사실을 구덩이를 파고 조용히 말한다. 하지만 세상에 지켜지는 비밀이 있을까? 구덩이 위에 우거진 갈대숲은 멀리 이 비밀을 퍼뜨리고 만다.

아이에게 던지는 질문

• 한 가지 소원을 들어준다고 하면 어떤 소원을 빌고 싶어? 왜 그렇지?

• 돈과 지혜 중 어떤 것이 중요할까? 왜 그렇게 생각하니?

• 미다스는 왜 당나귀 귀를 갖게 되었을까? 비밀은 잘 지켜질 수 있을까?

기탄잘리
(타고르)

원전 읽기

화려한 옷과 장식에 둘러싸여 건강한 대지의 흙으로부터 멀어진다면, 그리하여 평범한 인간 삶의 거대한 축제에 입장할 자격을 잃는다면, 그것이 무슨 소용입니까?

나는 이 세상의 축제에 초대받았습니다. 그렇게 내 삶은 축복받았습니다.

이 축제에서 내가 맡은 일은 나의 악기를 연주하는 일이었습니다. 그리고 나는 최선을 다해 연주했습니다.

연꽃이 핀 날, 내 마음은 방황하고 있어서 꽃이 핀 것을 알지 못했습니다. (중략)

그때 나는 알지 못했습니다. 꽃이 그토록 가까이 있음을. 또 그 꽃이 내 것임을. 그 완벽한 향기가 내 마음 깊은 곳에서 피어나는 것임을.

내 안에서 나를 흔드는 것, 이것이 무엇인지 나는 알지 못한다. 그 의미를 나는 모른다. (중략)

어둠 속에서 헛되이 시간을 보내지 말라. 너의 생을 바쳐 사랑의 등불에 불을 켜라.

내 이름 안에 가둔 그가 이 지하 감옥에서 눈물 흘리고 있습니다. 나는 그의 주위에 벽을 쌓아 올리느라 항상 분주합니다. 벽이 하늘을 향해 나날이 높아질수록 나는 그 어두운 그늘에 가린 내 참된 존재를 보지 못합니다.

작가의 이야기

인도의 시성(詩聖) 타고르의 시는 내면의 참된 자아, 혹은 신과의 만남을 갈망하는 아름다운 시어(詩語)로 가득하다. 그리고 인생의 의미에 대한 성찰이 돋보인다.

우리의 삶은 영적인 성숙을 위한 한바탕 축제인지도 모른다. 최선을 다해 나만의 악기를 연주하는 노력 속에서 우리의 삶은 축복받았다.

하지만 우리는 세속적인 화려한 옷과 장식과 같은 벽(껍데기)을 쌓아 올리느라 나의 참된 존재를 잊고 살기 쉽다. 본

질을 잃고 방황하는 삶 속에서는 내 마음 깊은 곳에서 피어
나는 꽃의 향기를 알지 못한다. 어둠 속에서 헛되이 시간만
보내는 것이다.

　죽기 전에 우리가 마주치는 세 가지 질문 - '나는 이번 생
에서 충만한 삶을 살았는가?', '열린 마음으로 진실한 사랑
을 했는가?', '세상에 얼마나 긍정적인 영향력을 끼치고 살
았나?' - 에 대한 답을 타고르의 시에서 찾아보는 것은 어떨
까?

아이에게 던지는 질문

• '나는 이 세상의 축제에 초대받았다. 내 삶은 축복받
  았다.'라는 타고르의 말을 어떻게 생각하니? 그 이유
  는 무엇이니?

• 삶을 축제처럼 즐기기 위해서는 어떻게 해야 할까? 나
  만의 악기는 무엇일까?

• 인생이 연극이라고 생각해 본다면, 내가 맡고 있는 배
  역(국적, 성별, 지위, 돈 등)을 어떻게 잘 소화해야 내가 세
  상에 온 목적을 이룰 수 있을까?

• 우리를 가두고 있는 벽에는 어떤 것이 있을까?

4장

행복한 천재로 만드는
칼 비테의 독서교육

'내 아이의 교육에 고전 독서가 꼭 필요할까?'
'나도 잘 모르는 고전으로 내 아이를 가르칠 수 있을까?'

인문학에 관한 관심이 높아지면서 부모들의 부담도 높아진다. 인문고전 독서
가 중요하다고 하는데 어디서부터 어떻게 고전을 접하게 해주어야 할지 막막
하다. 부모들은 걱정만 하다가 어느 순간 포기해 버린다. '에이, 모르겠다. 고
전 안 읽어도 똑똑한 애들 많던데 뭘….'

칼 비테는 아이가 읽어야 할 고전을 아주 신중하게 선별했다. 또한 칼 비테는
아침 식사 전 아이와 산책하면서 전날 읽은 책에 관해서 이야기를 나눴다.
내 아이를 인문고전의 세계로 인도하자. 고전 교육을 통해 행복한 삶에 한 걸
음 다가가게 하자. 고전 공부에서 지혜와 통찰력을 길러 미래를 이끌어가는
천재가 되도록 하자.

행복한 천재로 키우고 싶다면 고전으로 가르쳐라

"부모의 장기적인 시야가 자녀의 꿈을 결정짓는
중요한 요소가 된다"

- 루이 파스퇴르(프랑스의 화학자)

진정한 행복을 위한 답은
고전 속에 있다

행복이란 무엇일까? 부와 명예를 손에 쥐는 것, 사랑하는 사람의
마음을 얻는 것, 세상을 여행하며 다양한 경험을 하는 것 등 사람마
다 중요하게 생각하는 가치에 따라서 여러 가지 대답이 있을 수 있
다. 물론 정답은 없다.

'메멘토 모리(Memento mori)'라는 말을 한 번쯤은 들어보았을 것
이다. 라틴어로 '자신이 언젠가는 죽는 존재임을 잊지 말라'는 뜻이
다. 인간은 누구나 언젠가 죽음을 맞이한다. 그렇다면 '행복이란 무

엇인가?'라는 질문에 대한 답을 찾을 때 죽음을 생각하지 않을 수 없다.

죽음의 순간에 우리는 어떤 내면의 질문을 맞닥뜨리게 될까? 나는 큰 사고로 죽을 뻔한 경험을 하거나 임사 체험을 해 본 사람들의 사례를 통해 몇 가지 공통점을 찾았다. 우리가 죽음의 순간에 피할 수 없는 질문은 나, 너, 그들에 대한 세 가지로 요약된다.

먼저 '나'에 대한 질문이다. 나는 이번 생에서 충만한 삶을 살았는가? 내 인생을 제대로 꽃피웠는가? 내가 스스로 인정할 수 있을 만큼 충실하게 살았는가? 내면의 목소리에 귀 기울이고, '나답게' 살았느냐 하는 것이다. 세상에 온 목적을 찾지 못하고, 한 번 멋지게 꽃 피지도 못한 삶은 공허한 것이다.

다음으로 내 가까이에서 관계 맺고 있는 '너'와의 관계에 대한 질문이다. 열린 마음으로 진실한 사랑을 해 보았는가? 소중한 사람들에게 상처를 주지는 않았는가? '너'를 얼마나 의미 있게 대했는가? 상대의 마음을 잘 헤아렸는가? 진실한 사랑을 하지 못한 삶은 빈껍데기다.

마지막으로 나와는 직접적인 관계가 없더라도 동시대를 함께 살아간 사람들, '그들'에 대한 질문이다. 다른 사람들에게 얼마나 훌륭한 일을 했는가? 세상에 얼마나 긍정적인 영향력을 끼치고 살았나? 내가 태어나 세상에 도움이 되었는지에 대한 질문이다.

죽음의 순간에 마주하게 된다는 이 세 가지 질문에 자신 있게 대답할 정도로 후회 없이 산다면 행복하다고 할 수 있지 않을까? 우리는 인문고전 속에서, 수많은 천재의 고민과 발자취 속에서 '후회 없는 삶'에 대한 지혜를 얻을 수 있다.

인문고전 속에는 인간이 문제에 부딪히고 해결해 가는 이야기가 담겨 있다. 나에 대한, 타인과 관계에 대한, 세상에 대한 고민이 있다. 그 속에 나에게 딱 맞아떨어지는 답이 모두 있다고 할 수는 없다. 하지만 근본적인 질문에 대한 해답의 실마리를 찾을 수 있다. 인문고전 독서를 통해 나만의 답을 찾을 수 있는 힘을 기를 수 있다.

인공지능을 이기는 힘은 고전 속에 있다

2016년 3월에 역사적인 세기의 대결이 벌어졌다. 알파고(AlphaGo, 구글 딥마인드의 인공지능 바둑 프로그램)와 이세돌 9단의 바둑 대국이었다. 과연 인공지능이 인간을 이길 수 있을 것인가? 세상의 이목이 쏠린 다섯 번의 대국에서 알파고가 4대 1로 승리했다. 이 사건은 '알파고 쇼크'라는 신조어까지 만들어 내며 사람들에게 큰 충격을 주었다.

사실 인공지능과 인간과의 바둑 대결에서 인공지능이 승리를 거둔 것이 2016년이 처음은 아니었다. 최초의 알파고는 '알파고 판(Fan)'이다. Fan은 2015년 10월에 중국의 판후이 2단을 이겼다.' 알파고 리(Lee)'는 이세돌 9단을 꺾었다. 이후에 개발된 것이 '알파고 마스터(Master)'. Master는 2017년 5월 커제 9단에게 승리했다. 그리고 2017년 10월에는 최종 버전 '알파고 제로(Zero)'가 나왔다.

알파고 제로는 스스로 학습하는 능력이 있어 따로 스승이 필요 없다. 바둑 규칙 외에 다른 지식이 전혀 없는 상태에서 스스로 바둑을 두면서 이치를 터득한다. 기존에는 수많은 빅데이터를 바탕으로 판단했다. 하지만 이제 인공지능은 스스로 학습한다. 인간이 끼어들 틈이 없다.

알파고와 이세돌 9단의 대국을 보면 재미있는 장면이 있다. 알파고가 다음 바둑돌의 위치를 선택하면 한 사람이 그 수를 바둑판에 옮기는 것이다. 그는 알파고 개발 팀원 중 한 명이었다.

물리적인 한계 때문에 어쩔 수 없는 상황이긴 했지만, 상당히 인상적인 장면이었다. 사람이 지시하고 인공지능이 그것을 수행하는 것이 아니었다. 그 반대의 모습이 연출된 것이다. 좀 과장해서 말하자면 인공지능의 의사 결정을 인간이 손발이 되어 수행하게 된 것이었다.

우리 아이들이 살아가야 할 시대는 지금껏 살아온 세상과는 판이한 모습이 될 가능성이 높다. 2016년 다보스 포럼에서는 〈일자리의 미래〉 보고서가 사람들의 관심을 끌었다. 보고서에 의하면 "제4차 산업혁명으로 2020년까지 약 710만 개의 일자리가 사라지고 새로 생기는 일자리는 200만 개"라고 한다.

좀 더 극단적인 주장도 있다. 미국의 미래 연구소인 다빈치연구소 토머스 프레이 소장은 2030년까지 사라질 직업이 20억 개나 될 것으로 예측하기도 한다.

실제로 얼마나 많은 직업이 사라지고 생겨날지 관해서는 의견이 분분하다. 하지만 한 가지 확실한 것은 사람을 대신해서 로봇이 자리를 차지할 분야가 점점 늘어날 것이라는 점이다.

19세기 영국에서는 '러다이트 운동'이 일어났다. 기계 때문에 직물공업 분야에 실업자가 늘어난다는 이유로 노동자들이 기계를 파괴한 것이다. 21세기에는 로봇을 파괴하는 운동이 일어나지는 않을까?

이제 우리는 기계와 인간의 차별화에 초점을 맞추어야 한다. 기계가 할 수 없는 일을 하는 사람이 '천재'가 되는 시기다. 기계가 할 수 있는 일을 잘하는 것은 더 이상 경쟁력이 되지 않는다. 기계가 있는데 왜 굳이 사람을 쓰겠는가?

이제는 다양한 지식을 아는 것보다는 그것을 활용할 줄 아는 지혜가 더 중요하다. 여러 정보를 수집하고 있는 것보다는 정보를 연결하고 가치를 제공하는 통찰력과 창의력을 갖춘 사람이 주목받는 시대다. 사색하는 힘이 인공지능을 이기는 인간의 경쟁력이 된다.

아무리 세상이 변하더라도 인간의 문제는 변하지 않는다. 인간의 문제는 인문학의 전문 분야다. 깊이 있는 인문고전 독서를 통해 우리는 인간 문제의 핵심에 접근할 수 있다.

스티브 잡스는 "애플은 기술과 인문학의 교차점에 존재하는 것이고, 그것이 애플을 끌고 가는 정신"이라고 했다. 그가 다녔던 리드 칼리지는 고전 독서 프로그램으로 유명하다. 비록 대학교를 중퇴하긴 했지만, 스티브 잡스는 고전의 세계에 흠뻑 빠질 수 있는 환경에 노출되어 있었다.

그는 "소크라테스와 함께 오후를 보낼 수 있다면 우리 회사의 모든 기술을 그것과 바꾸겠다."라고 했다. 소크라테스가 IT 전문가는 아니다. 스티브 잡스는 지금 당장의 기술력보다 미래를 꿰뚫어 볼 수 있는 인문학적 통찰력을 더 중요하게 생각한 것이다.

페이스북을 만든 마크 저커버그는 고등학생 시절부터 서양 고전에 뛰어난 성적을 거두었다. 그는 "나는 그리스 라틴 고전을 원전으로 읽는 것이 취미였다."라고 말했다. 그는 평소 대화에서도 고전 서사시 구절을 인용할 정도로 인문학에 푹 빠져 있다.

200년 전 칼 비테가 살던 시대의 인문고전 읽기와 이 시대의 그것은 무게감이 다르다. 우리 아이들의 인문고전 읽기는 지식과 교양의 문제라기보다는 생존의 문제에 가깝다. 내 아이를 인문고전의 세계로 인도하자. 고전 교육을 통해 행복한 삶에 한 걸음 다가가게 하자. 고전 공부에서 지혜와 통찰력을 길러 미래를 이끌어 가는 천재가 되도록 하자.

타고르의 말처럼 인간의 참된 자유는 자신만의 생각에서 비롯된다.

"인간 정신은 타인의 생각을 소유함으로써가 아니라, 자신만의 판단 기준을 세우고 자신만의 생각을 생산함으로써 비로소 참된 자유를 얻는다."

부모라면 인문고전에
목숨 걸어라

"지극한 즐거움은 책을 읽음만 같은 것이 없고,
지극히 중요하기는 자식을 가르침만 같은 것이 없다"
- 명심보감

인문고전 독서가 천재를 만든다

한때 대한민국에 인문학 열풍이 불었다. 인문학을 해야 천재가 되다는 주장을 담은 책들이 베스트셀러 진열대에 한 자리를 잡았다. 고전에서 명언이라 할 만한 글만 쏙 뽑아 책으로만 엮어도 베스트셀러가 되었다. 읽기 힘든 두꺼운 고전을 친절하게 풀어서 설명해 주는 해설서들도 쏟아져 나왔다. 물론 지금도 인문학에 관한 관심은 뜨겁다. 나 또한 열렬한 인문학 팬이다.

인문학에 관한 관심이 높아지면서 부모들의 부담도 높아진다. 인문고전 독서가 중요하다고 하는데 어디서부터 어떻게 고전을 접하게 해주어야 할지 막막하다. '내 아이의 교육에 고전 독서가 꼭 필요할까?', '나도 잘 모르는 고전으로 내 아이를 가르칠 수 있을까?', '내가 학교 다닐 때도 하지 않던 고전 독서를 해야만 하는 걸까?' 부모들은 걱정만 하다가 어느 순간 포기해 버린다. '에이, 모르겠다. 고전 안 읽어도 똑똑한 애들 많던데 뭘….'

내 아이에게 고전 독서를 할 수 있도록 해주는 것이 그렇지 않은 것보다 당연히 유리하다. 역사적으로 위대한 인물들의 독서는 모두 고전에서 시작되었다.

《자유론》의 저자 영국의 존 스튜어트 밀은 세 살에 그리스어를 배우고, 다섯 살에 그리스 고전들을 닥치는 대로 읽었다. 일곱 살에는 〈플라톤〉을 원서로 읽고, 여덟 살에는 라틴어를 공부했다. 이후에도 아리스토텔레스, 애덤 스미스 등을 공부하고 물리학, 화학 등 다방면에 끊이지 않는 열정을 보였다.

칼 비테 주니어와 비교해 봐도 손색이 없는 천재이다. 아니, 어떤 면에서는 더 뛰어나다고도 할 수 있다. 존의 아버지인 제임스 밀은 어릴 때부터 아들에게 고전 독서 교육을 시켰다. 두 사람은 같은 방에서 공부하면서 고전과 씨름했다. 시간이 날 때는 산책을 하면서 존은 아버지에게 자기가 공부한 내용을 설명해야 했다.

이런 아버지의 독서 훈련으로 존 스튜어트 밀은 뛰어난 지성인으로 성장할 수 있었다. 이것은 제임스 밀 자신이 우수한 인문학자였기 때문에 가능한 일이었다.

조선의 천재 학자 율곡 이이는 어릴 때부터 어머니 사임당과 아버지가 사서오경을 주제로 토론하는 것을 보고 자랐다. 사임당은 매일 새벽에 일어나 책을 읽다가 아이들에게 전해 주고 싶은 좋은 문장을 발견하면 옮겨 적었다. 그리고 아이들이 일어나기 전에 집안 여기저기에 붙여 두었다.

율곡은 어릴 때 자연스럽게 고전 교육을 받고, 자신도 독서광이 되었다. 그가 아홉 번의 과거에 장원급제한 이야기나 임진왜란 전에 10만 양병설을 주창한 것은 유명한 이야기다.

독일의 문학자 헤르만 헤세는 어릴 때부터 수천 권의 장서에 노출되었다. 그의 외조부가 인도에서 선교 활동을 펼치면서 동양 고전을 접할 기회가 많았다. 그는 《논어》, 《노자》, 《장자》와 같은 동양 고전에도 많은 관심을 기울였다. 그의 동양 사상에 관한 관심은 작품 세계에도 영향을 주었다. 그에게 노벨문학상을 안겨 준 《유리알 유희》 외에도 《데미안》, 《싯다르타》, 《수레바퀴 아래서》 등 보석같이 소중한 작품들이 완숙한 지성에서 우러나온 감동을 전해 주고 있다.

칼 비테 교육의 중심에도 고전 독서가 있었다. 칼 비테는 아이가 읽어야 할 고전을 아주 신중하게 선별했다. 이것은 그가 인문학적인 소양이 없었다면 불가능한 일이다. 부모가 무슨 내용인지 알지도 모르는 책을 자녀에게 읽으라고 할 수 있겠는가? 아이의 연령이나 지적인 흥미, 그리고 수준에 맞추어 책을 권해 주려면 부모가 잘 알고 있어야 한다.

뒤에 자세히 이야기하겠지만, 고전은 읽게만 하는 것이 능사가 아니다. 고전은 읽은 후에 반드시 부모와 토론해야 한다. 칼 비테는 아침 식사 전 아이와 산책하며 전날 읽은 책에 관해서 이야기를 나눴다. 존 스튜어트 밀의 아버지와 같은 방식이다. 이 산책 시간을 통해서 칼 비테 주니어는 자신이 읽은 고전의 지식을 체계적으로 정리할 수 있었다.

칼 비테는 아이에게 생후 42일부터 고전을 읽어주기 시작했다. 로마 최고의 시인으로 평가받는 베르길리우스의 《아이네이스》가 시작이었다. 고대 그리스의 시인 호메로스의 《일리아스》, 《오디세이아〉가 그 뒤를 이었다. 우리가 익히 잘 아는 《이솝우화》도 목록에 포함되었다. 이후 《플라톤의 대화편》, 《갈리아 전기》 등 뛰어난 고전을 아들에게 마음껏 읽을 수 있도록 해주었다.

인문고전 독서를 통해
얻을 수 있는 것들

고전은 짧게는 수십 년, 길게는 수천 년 세월의 중력을 견디고 날아올라 우리 손에 쥐어진 보물이다. 대한민국에서 1년에 출판되는 책만 6만 여권 정도라고 한다. 전 세계적으로 1년에 얼마나 많은 책이 출판될까? 100년 뒤에 이 중에서 몇 권이나 살아남을까? 고전은 세월을 이기고 살아남았다는 사실 자체만으로도 읽어야 할 가치가 있다.

칼 비테를 비롯한 수많은 천재가 고전을 읽었다. 그렇다면 고전 독서를 통해서 구체적으로 무엇을 얻을 수 있는 것일까? 천재들의 사례와 내 개인적인 깨달음을 바탕으로 몇 가지로 정리해 볼 수 있다.

1. 인간의 보편적인 정서와 속성을 알 수 있다.

우리는 고전을 통해 시대를 초월해 인간이 가지고 있는 보편적인 정서를 읽을 수 있다. 그리고 인간이란 어떤 존재인지 단서를 찾을 수 있다.

이탈리아의 정치사상가 마키아벨리의 《군주론》을 보면 이런 말이 나온다.

"군주의 과실은 이미 신하에게 일을 맡겼으면서도 반드시 역으로 그 일을 맡지 않은 자에게 감시시키는 데 있다."

신기하게도 유가의 사서삼경 중 하나인《서경》에도 비슷한 말이 나온다.

"임현물이(任賢勿貳) : 어진 이에게 일을 맡겼으면 두 마음을 먹지 말라."

만약 나보다 권위가 있는 누군가가 나에게 일을 맡겨 놓고 믿지 않거나 심지어 감시하고 있다면 어떨까? 내 능력을 발휘하지 못할 뿐 아니라, 끝까지 충성하지 않고 배신할 수도 있는 것이다. 이런 것이 동서고금을 꿰뚫는 인간의 보편적인 정서다.

내 아이는 혼자 살아갈 수 없다. 사람들과 어울려 살아야 한다. 인간의 심리, 정서를 잘 파악할 수 있어야 원하는 삶을 살 수 있다. 아이가 살아갈 날들을 위해 고전 읽기는 선택이 아닌 필수다.

2. 역사를 거울삼아 행동의 판단 기준을 잡을 수 있다.

고금의 흥망을 기록한 역사서를 보면 어떻게 나라가 일어나고 기울어지는지 알 수 있다. 그리고 한 사람의 인생을 기록한 전기를 보면 위대한 일을 성취한 사람들의 인생이 절대 순탄하지만은 않았다는 것을 알 수 있다.

조선의 실학자 다산 정약용은 한 때 개혁 군주 정조의 총애를 받

았다. 하지만 서학(천주교)에 빠졌다는 이유로 17년간 유배 생활을
한다. 정약용은 낯선 땅에서 좌절하지 않았다. 오히려 유배 기간을
자신의 학문을 완성하는 기회로 삼았다. 그는 500여 권의 방대한
저서를 남겼다. 이를 통해 그는 조선의 실학사상을 집대성했다. 오
늘날 그는 위대한 실학자이자 개혁 사상가라는 평가를 받고 있다.

　내 아이에게 정약용의 이야기를 들려주자. 힘든 일이 있더라도
실력을 기르고 준비하면 역사에 긍정적인 영향을 주는 위대한 일을
할 수 있다는 것을 알려 줄 수 있다.

　3. 천재들의 사고방식을 배울 수 있고, 삶을 다른 시각으로 바라
볼 수 있다.

　고전은 천재들이 심혈을 기울여 쓴 역작이다. 고전을 찬찬히 읽
어보면 천재 저자들의 사고 과정을 따라가 볼 수 있다. 그것이 꼭 정
답은 아니다. 하지만 그들의 두뇌와 접속하는 경험을 통해 의식이
확장되고 두뇌가 바뀌는 경험을 할 수 있다. 우물 안 개구리에서 벗
어나 저 높은 곳에서 내려다볼 수 있게 된다.

　인문고전 독서의 길은 쉽지 않다. 끝도 없다. 하지만 불가능한
것도 아니다. 어려운 책을 읽었다고 얻는 게 많아지는 것도 아니다.
쉬운 책을 읽어도 충분히 고민하고 사색한다면 많은 지혜를 얻을

수 있다.

인문고전 독서가 천재를 만든다. 부모라면 인문고전 독서에 관심을 기울여야 하지 않을까?

빠르면 빠를수록 좋은
독서교육

"좋은 책을 읽지 않는다면 책을 읽는다고 해도
문맹인 사람보다 나을 게 없다."
- 마크 트웨인(미국의 소설가)

책 읽기는 습관이다

"오늘의 나를 있게 한 것은 우리 마을 도서관이었다. 하버드 졸업장보다 소중한 것이 독서하는 습관이다." 마이크로소프트사를 설립한 빌 게이츠의 말이다.

빌 게이츠의 아버지는 아들이 아주 어릴 때부터 도서관에 데리고 다녔다. 빌의 독서량은 엄청났다. 그가 빌린 책을 반납하지 않으면, 마을 도서관에서 더 이상 책을 빌려줄 수 없을 정도였다고 한다.

빌은 왕성한 호기심을 가졌다. 단순히 몇 가지를 알고 싶어 한 것이 아니라 '모든 것'에 대해 생각하고 궁금해했다. 그는 궁금증을 엄청난 양의 독서로 풀어 갔다.

빌의 부모는 아이들의 호기심을 키워 주려고 많은 노력을 했다. 그들은 아이들이 되도록 텔레비전을 보지 않도록 했다. 대신에 책을 많이 사주었다. 텔레비전은 사고를 멈추게 한다. 그냥 보고만 있으면 완성된 이미지가 눈앞에 펼쳐진다. 상상이 필요 없다. 생각이 자리할 틈이 없는 것이다.

빌에게는 누나와 여동생이 있었다. 빌의 부모는 셋 중에 한 명이라도 늦은 밤까지 책을 읽으면 취침 시간을 제한하지 않고 자유롭게 책을 볼 수 있도록 내 버려두었다.

칼 비테와는 사뭇 다른 점이다. 칼 비테는 생활 습관을 중요시해서 잠자는 시간을 엄격하게 관리했다. 200년 전 독일과 현대 미국의 문화적인 차이일까. 자녀 교육에 완벽한 정답은 없다. 각자의 상황에 맞게 적용하면 될 것이다.

빌의 집에서는 저녁에 식사하면서 많은 대화를 했다. 대화 중에 모르는 단어가 나오면 누구라도 벌떡 일어나 부엌 옆의 서재로 갔다. 그러고는 서재에서 사전을 꺼내 들고는 큰 소리로 단어의 뜻을 모두에게 읽어주었다. 궁금한 것은 미루지 않고 바로바로 해답을 찾는 것이 가족의 문화였다.

빌 게이츠 집안의 다른 특이한 전통은 가족들끼리 큰 소리로 책을 읽어주었다는 것이다. 빌의 외중조할머니가 오시는 날에는 빌과 누나가 잠옷 바람으로 침대에서 함께 할머니가 읽어주는 책을 재미있게 들었다.

이렇게 호기심을 자극하고 자연스레 책을 가까이하는 문화 속에서 빌 게이츠라는 거인이 탄생한 것이다.

진실한 사랑이 최고의 동기부여 방법이다

칼 비테는 여러 가지 교육법을 통해 저능아인 아들을 당대 최고 수준의 천재로 키웠다. 그 중 핵심적인 것은 인문고전 독서였다. 태어나자마자부터 고전을 읽어준 것을 시작으로 지속해서 아이의 호기심을 자극했다.

《이솝우화》같이 쉬운 책뿐 아니라 서양 최초의 문학작품인《일리아스》,《오디세이아》,《플라톤의 대화편》등 수많은 고전을 원전으로 읽도록 유도했다. 칼 비테 주니어는 여덟 살부터 혼자 원전을 읽었다고 한다.

아무리 호기심을 자극한다고 하더라도 어떻게 여덟 살 난 아이가 어른도 읽기 힘든 고전을 그것도 그리스어, 라틴어로 읽을 수 있었을까? 아버지가 철저한 관찰과 고민을 통해 아이의 호기심을 자극한 것 말고도 한 가지 비밀이 더 있다. 그것은 바로 '사랑을 통한 동기부여'다.

인간은 강한 동기부여가 될 때 자신의 한계를 뛰어넘는다. 왜 칭찬은 바다의 폭군 범고래를 춤추게 하는가? 칭찬이라는 강력한 동기부여가 그전에는 할 수 없었던 일을 가능하게 하는 것이다. 사람도 마찬가지다.

칼 비테는 아이를 진실한 사랑으로 키웠다. 50이 넘은 나이에 얻는 아이, 얼마나 소중했겠는가? 그는 아이를 자신과 동등한 인격체로 대했다. 말뿐이 아니라 진심으로 그렇게 했다. 아들에게 '너는 할 수 있을 거라고 믿는다'라는 격려와 사랑의 표현을 아낌없이 해주었다. 칼 비테 주니어는 평생 아버지의 무한한 사랑에 감사하는 마음을 가졌다.

칼 비테는 '사랑'이라는 강력한 동기부여로 아이의 잠재력을 깨워 주었다. 이것이 행복한 천재의 비밀이다.

칼 비테 교육법의 핵심은 자식에 대한 진실한 사랑이다. 칼 비테에게 아이는 내가 못 한 일을 대신해 나를 만족하게 해주는 소유물이 아니었다. 내 욕심을 채우기 위한 도구가 아니었다. 그런데 칼 비테의 교육 방식만을 따라 하고 그의 교육 철학을 배우지 않으면 불행한 사태가 벌어질 수도 있다.

부모의 욕심 시간표가 아닌, 아이의 호기심 시간표를 따르자

월리엄 제임스 사이디스가 불행한 교육의 대표적인 사례다. 월리엄의 IQ는 대략 250~300으로 추정되며, 역사상 최고 수준의 천재로 평가받고 있다. 그는 생후 6개월에 첫 말문을 연후 8개월에 문장을 구사했고, 한 살에 철자를 익혔다. 네 살에 라틴어로 된 갈리아 전기를 낭독했고, 그리스어로 호메로스의 작품을 읽었다. 여섯 살에는 아리스토텔레스의 《논리학》을 읽었다. 여덟 살에는 9개 국어를 구사하고, 자신만의 인공 언어까지 만들었다. 이 정도면 칼 비테 주니어보다 한 수 위다.

1909년에는 하버드 대학교에 입학했다. 그의 나이 열한 살이었다. 이는 하버드 대학교 역대 최연소 입학이다. 열여섯 살에는 대학을 우수한 성적으로 졸업 후 대학원에 진학하여 수학 공부를 계속했다.

누구나 부러워할 뛰어난 천재의 삶이다. 하지만 그의 인생은 순탄치 않았다. 그는 사회에 잘 적응하지 못했다. 수학을 가르치다가 그만두었고, 하버드 로스쿨에 입학했지만, 공부를 중단했다. 이후 양심적 병역 거부로 징역을 살기도 하고 불화로 부모와 결별했다. 그는 심지어 아버지의 장례식 참석조차 거부했다. 그는 세간의 이

목을 피해 조용히 살다가 뇌출혈로 쓸쓸히 사망했다.

그는 거의 40여 개의 언어를 구사했다고 전해진다. 그리고 익명으로 다양한 분야에 수많은 논문을 발표했다. 하지만 세상에 끼친 영향은 미미했다. 불행한 천재는 세상에 긍정적인 영향을 주지 못했다.

윌리엄의 부모는 모두 사회적으로 성공한 엘리트였다. 그들은 아이를 천재로 키웠지만, 행복한 삶을 살도록 이끌어 주지는 못했다. 윌리엄의 아버지 보리스 사이디스는 1887년에 우크라이나에서 미국으로 이주했다. 그는 몇 개월 만에 영어를 구사하고, 하버드 대학교를 조기 졸업했다. 이후 하버드 대학교수로 심리학을 가르쳤다. 어머니 사라 만델바움 사이디스는 1889년에 미국에 이민한 후 1897년 보스턴 대학교 메디컬 스쿨을 졸업했다.

윌리엄의 부모는 자녀 교육에 대한 열정이 뜨거웠다. 어머니는 윌리엄의 양육을 위해 의사직을 포기할 정도였다. 그들은 아이에게 일찍부터 인문고전 독서 교육을 시켰고 상당한 성과를 거두었다. 아이를 천재로 만들고야 말겠다는 목적은 달성한 것이다. 하지만 아이에게 사회성을 키워 주고 사랑을 전해 주는 데 실패했다. 그 결과 윌리엄은 평생을 외톨이로 지냈다.

독서 교육은 빠를수록 좋다. 하지만 그 전제 조건은 부모의 진실한 사랑이다. 그리고 아이의 '자발성'과 '호기심'이 선행해야 한다. 아이가 호기심이 넘쳐 나 책을 읽지 않고는 못 배기게 자극해 주어야 한다. 내 아이의 독서는 부모의 '욕심 시간표'가 아니라 아이의 '호기심 시간표'에 맞춰 가야 한다.

천재의 비밀, 생각하는
고전 읽기

"고전 작가들의 작품 하나를 골라 읽노라면 곧 정신이 신선해지고
기분도 가벼워진다. 마음은 맑아지고 고양된다. 이것은 나그네가 바위틈에서
솟아나는 맑은 물을 마시고 원기를 회복하는 것과 같다."
- 아르투어 쇼펜하우어(독일의 철학자)

인문고전의 바다에서
'나'라는 중심을 잃지 말자

인문학이라고 하면 보통 철학, 역사, 문학을 이야기한다. 이 세
가지 분야의 탐구를 통해 인간과 인간다움에 대한 진리를 깨닫고
실천하는 것이 인문학의 목적이다.

철학은 인간과 삶의 본질이 무엇인지 생각할 수 있게 해준다.
'인간이란 어떤 존재인가?', '앎이란 무엇인가?', '인생이란 무엇인가?'
와 같은 존재의 근원적인 문제에 대해 끊임없이 질문을 던진다.

역사는 나의 존재를 맥락에서 이해할 수 있게 해준다. 나는 문득

깨어나 보니 세상에 내던져져 버린 존재가 아니다. 내가 태어나기 전에 수많은 조상들의 발자취가 있었다. 인간이 모이고 흩어지는 흥망성쇠가 있었다. '나로 인해 새로운 역사가 시작될 수 있다.'라는 깨달음이 역사 공부의 궁극 목적이다.

문학은 철학적 사유에서 놓칠 수 있는 감성을 깨워 준다. 인간의 마음과 관계에 대한 성찰을 통해 철학과 역사에 대한 이해를 높여 줄 수 있다. 문학은 여유와 여백이다.

"누가 무슨 말을 했는지는 중요하지 않아. 내가 논리적으로 생각 하고 직관적으로 판단하는 것이 제일 중요해. 너는 권위에 의존해 서 외운 것을 앵무새처럼 말하고 있는 거 아니야? 그래서 네 생각이 뭔데?"

대학 시절, 여러 사상가의 이름을 들먹이면서, 그들의 주장을 마 치 자기 생각인 것처럼 말하는 지인들이 있었다. 나는 왕성한 혈기 에 상대에게는 상처가 되었을 법한 말을 내뱉었던 기억이 있다.

나는 책을 많이 읽은 것도 아니었고, 경험이 풍부하지도 않았다. 하지만, 납득할 수 없는 권위에 대한 무조건 반사적인 거부감이 강 했다. 그래서 깊은 고민 없이 대가들의 권위에 기대는 것을 경계했 다.

지금은 대학 시절보다는 좀 더 겸손해졌다. 대가들의 통찰력과 위대한 지혜에 고개를 숙인다. 하지만, 누가 뭐라고 했든 내 생각이 중요하다는 것에는 변함이 없다. 인류 역사상 수많은 위대한 지성들이 인문학을 발전시켜 왔다. 우리는 자칫 잘못하면 인문학의 바다에서 '나'라는 중심을 잃고 헤맬 수도 있다.

맹자는 인간의 본성은 선하다고 하고, 순자는 인간이 악하게 태어난 존재라고 한다. 한비자는 인간을 형벌과 법으로 다스려야 한다고 하고, 공자는 예와 덕으로 이끌어야 한다고 주장한다.

무엇이 정답인가? 애초에 정답은 없다. 그들이 살았던 시대적 맥락과 처한 환경 등에 따라 다른 주장을 할 수 있다. 그렇다면 인문고전은 어떻게 읽어야 할까?

인문고전은 '나'를 잃지 않고 생각하며 읽어야 한다. 내 중심을 잡아야 한다. 고전은 하나의 수단이다. 우리는 인문고전 독서를 통해 '지금, 여기' 내 삶의 문제를 해결하는 실마리를 찾거나 영감을 얻어야 한다. 그 속에서 구체적인 답안을 찾으려고 하면 안 된다. 그래야 무기력에 빠진 앵무새 신세를 면할 수 있다. 고전이 유일한 정답은 아니다.

인문고전 속에는 책을 쓴 사람이 생각한 길이 있다. 그것은 저자가 그 시대, 그 장소에서 고민한 길이다. 그들의 길을 따라가 볼 수는 있다. 생각의 여정을 함께 해 볼 수는 있다. 하지만 그 길이 꼭 내

길은 아닐 수 있다는 점을 염두에 두어야 한다.

인문고전을 읽을 때는 시집을 읽듯이, 저자와 대화하듯이 읽어야 한다. 교과서 읽듯이 외우려고 들면 곤란하다. 그렇게 하면 진도도 나가지 않고 재미도 없다. 고전을 쓴 저자들도 우리와 같은 사람이다. 좀 더 폭넓고 깊은 사유를 했을 뿐이다. 그들의 책에도 오류가 있고, 말도 안 되는 주장도 있다. 그래서 절대적인 진리인 양 모든 걸 비판 없이 받아들이지 말고 가려서 읽어야 한다.

고전은 외우지 말고 생각하며 읽자

중학교 시절, 나는 《삼국지》에 푹 빠졌다. 10권이나 되는 꽤 많은 양이었지만, 단숨에 읽었다. 그리고 재미있는 부분은 몇 번이고 다시 읽었다. 마침 삼국지를 배경으로 한 시뮬레이션 게임도 한창 인기였다. 나는 밤이 늦도록 삼국지 게임을 하기도 하고, 게임 중에 나오는 인물들에 대해 궁금한 것이 생기면 책을 찾아보기도 했다. 삼국지에 나오는 멋진 장수들의 영웅담과 모사들의 두뇌 싸움은 너무나 흥미진진했다.

같은 반 친구 중에 나만큼이나 《삼국지》에 미친 친구가 있었다.

그 친구는 삼국지를 얼마나 많이 읽었던지 주요 연대와 당시의 지명, 등장인물의 인적 사항까지 모르는 것이 없었다. 우리 둘은 관심사가 같다 보니 함께 어울리면서 많은 이야기를 나누었다.

그런데 친구와 이야기를 하면 할수록 핀트가 안 맞는 부분이 있었다. 나는 인물이나 사건을 좀 비틀어서 '이러면 어땠을까? 저러면 어땠을까?' 하는 이야기를 나누고 싶었다. 그런데 그 친구는 객관적인 사실에만 집착했다.

예를 들면 이런 식이다. 내가 먼저 묻는다.

"방통이 낙봉파에서 화살을 맞아서 죽지 않았다면 어떻게 되었을까? 관우가 죽고 나서 유비가 오나라를 공격할 때 제갈량이나 방통 둘 중 하나는 함께 가지 않았을까? 그랬으면 육손한테 그렇게 당하지 않았을 텐데 말이야."

"뭐, 그럴 수도 있었겠지. 방통은 자가 사원이었는데, 형주 양양 사람이었고 얼굴이 못생겼어. 원소 밑에 있던 전풍과 더불어 대표적인 삼국지 추남이지. 전풍은 말이야…"

당시에 그 친구는 걸어 다니는 삼국지 백과사전 같았다. 보통 사람들은 알지도 못하는 진수의 정사 삼국지까지 구해 읽으면서 소설과는 어떤 차이가 있는지까지 알고 있었다. 나는 그 친구의 지식에 입이 떡 벌어질 때가 많았다.

하지만 그 친구는 상상력을 발휘하기보다는 삼국지에서 읽은 많은 사실을 잘 외우고 있다는 사실에 뿌듯해하는 것 같았다. 나는 그의 지식은 존중했다. 그렇지만 함께 이야기할 때 별 재미를 못 느꼈다.

역사를 바꾼 천재들은 기존의 권위 속에서 안주하지 않았다. 소크라테스는 다수결을 기반으로 한 아테네의 민주정 체제를 수호하기 위해 독배를 마셨다. 그렇지만 그의 제자 플라톤은 현명한 자들에 의한 철인정치를 주장했다.

갈릴레이는 피사의 사탑에서의 실험을 통해 '아리스토텔레스'라는 거인의 역학이 오류라는 것을 밝혔다. 니체는 '신은 죽었다'라고 선언하며 기독교 중심의 낡은 세계관에 물든 사람들의 머리에 망치를 내리쳤다.

아이의 질문에는 생각을 유도하는 질문으로 답을 하자

내 아이에게 고전을 선물할 때는 스스로 생각하고, 자신의 관점으로 볼 수 있는 힘을 길러 주어야 한다. 권위를 이기고 질문할 수 있도록 용기를 줘야 한다. 다른 누구의 말도 따라 하지 않고 자기의 목소리를 낼 수 있도록 해줘야 한다.

그렇게 하려면 생각을 유도하는 질문을 해야 한다. 제임스 밀이나 칼 비테는 아들이 책을 읽다가 막히는 부분이 있어서 질문을 하면 바로 답을 가르쳐 주는 법이 없었다. '너는 어떻게 생각하니?'하고 한 번 더 고민하게 했다.

주위를 둘러보면 주로 학력이 높은 부모들이 아이의 질문에 올바른 '정답'을 바로바로 가르쳐주려는 경향이 있다. 굳이 그럴 필요가 없다. 부모도 모르는 것이 있다. 그냥 함께 고민하면 된다. 아이에게도 정답을 강요하지 말자. 한 번 더 생각할 기회를 주는 것이 사고력을 키우는 길이다.

그리고 고전을 읽을 때는 마음껏 상상할 수 있도록 해줘야 한다. 고전을 읽다 보면 도저히 이해되지 않는 구절이 있다. 저자가 논리적인 비약을 하거나 중간 과정을 생략해 버리는 경우다. '이 정도는 안 써도 되겠지? 상식적인 건데.' 하고 그냥 넘어가 버리는 것이다.

이런 구절을 만나면 상상력으로 메울 수 있게 질문을 던지고 기다려 주자. '만약 이러면 어떨까?' 하는 질문으로 인문학적 상상력을 자극해 주자.

내 아이를 위한 낯선
고전과의 만남

"사람은 죽어도 책은 절대 죽지 않는다.
어떤 힘도 기억을 제거할 수는 없다. 책은 무기이다."

- 프랭클린 루스벨트(미국의 대통령)

아이들에게 어떻게 고전을 읽게 할까?

요즘 젊은 부모들이 선호하는 음식점을 가보면 어디에서나 비슷한 광경을 볼 수 있다. 어린아이들이 얌전히 앉아서 스마트 폰이나 태블릿 PC를 뚫어져라 처다보고 있는 모습이다. 작은 화면 속에는 '뽀통령(유아들에게 인기 있는 '뽀로로'라는 애니메이션의 주인공)'이나 '캐통령(아이들이 좋아하는 장난감을 소개하는 '캐리와 장난감 친구들'이라는 유튜브 인기 채널의 진행자 캐리)'이 아이들의 집중력을 단숨에 끌어올린다.

부모들은 아이가 동영상을 시청하느라 정신없는 틈을 타서 음식을 제대로 먹을 수 있다. 아이들이 떠들지 않으니 다른 손님들도 모두 편안한 마음으로 식사를 즐길 수 있다. 아이들은 아이들대로 원하는 동영상을 실컷 볼 수 있다. 이 욕망의 삼박자가 일치하면서 아이들의 동영상 시청은 이제 너무나 흔한 광경이 되어 버렸다.

얼마 전 아이 교육 문제로 상담을 요청해 온 분과 대화하다가 이런 말을 들었다.

"우리 애는 유튜브 중독이에요. 하루에 적어도 세 시간에서 다섯 시간까지도 들여다보고 있어요. 유튜브로 좋아하는 만화를 틀어 두지 않으면 밥 먹이기도 힘들어요."

"세 살짜리 아이가 밥 먹다 말고 TV 앞으로 달려가요. 화면에 두 손가락을 대고 벌리더라고요. 화면을 크게 하려는 거예요. 스마트폰으로 착각하고 말이에요."

200년 전 칼 비테가 살던 시대에는 TV도 스마트 폰도 없었다. 아마 칼 비테가 오늘날 아이들이 영상에 무방비로 노출된 것을 보면 놀라자빠질지도 모를 일이다. 이렇게 자라고 있는 우리 아이들에게 어떻게 책을 읽힐 수 있을까? 고전은 고사하고 만화책조차 읽게 하는 것이 쉽지 않다.

아이들에게 고전은 낯설다. 그리고 어렵다. 부모들조차도 한 번도 읽어본 경험이 없는 책이 태반이다. 부모들도 어지간해선 고전에 대한 이해가 깊지 않다. 낯선 상대와 억지로 친하게 하려고 하면 부작용이 생긴다. 천천히 단계적으로 친하게 해줘야 한다.

낯섦에서 익숙함으로의 전환에는 부모의 전략적인 준비가 필요하다. 인문고전으로 영재를 키워 온 많은 부모의 비법, 특히 칼 비테의 교육 방법을 참고하여 내 아이와 고전의 만남을 준비해 보자.

1. 사전 준비 : 아이가 흥미를 보이는 분야 파악, 고전 리스트 준비

먼저 우리 아이가 어떤 분야에 주로 흥미를 느꼈는지 관찰이 필요하다. 처음에는 되도록 아이가 흥미를 느끼는 분야의 책을 자연스럽게 접하게 해주는 것이 좋다. 역사에 관심이 있는 아이에게 《순수이성비판》 같은 철학책을 갖다준다고 생각해 보자. 부모와 아이 모두 괴로워질 뿐이다.

중요한 것은 아이를 여러 분야에 노출하는 것이다. 아이가 어디에 관심이 있는지는 다양한 분야를 접하게 하면서 오랜 시간 관찰을 해야 알 수 있다. 또한 피상적인 관찰이 아니라 '진심으로' 아이의 말과 행동을 관찰해야 한다. 아이에 따라서 관심 분야는 여럿일 수 있다. 그리고 시간이 지나면서 변할 수도 있다.

어느 정도 관심 분야가 파악되면 다음으로 고전 리스트를 엄선해야 한다. 고전 리스트는 서울 대학교 선정 동서양 고전 200권, 연세대 필독 도서 고전 200선, 세인트존스 대학교 독서 목록 등 참고

할 만한 리스트가 많이 있다.

이런 것을 참고해서 부모가 직접 선정하는 것이 가장 좋다. 누군가가 단계별 고전을 소개해 준다고 하더라도 그것은 내 아이와는 맞지 않을 수도 있다. 고전 리스트를 선정할 때 주의할 점은 반드시 부모가 읽은 책을 선정해야 한다는 것이다. 그래야 책을 읽은 다음 단계에서 아이의 이해를 깊게 할 수 있다.

2. 동기부여 : 끊임없는 흥미 유발, 공부의 이유를 이해시키기

아무리 아이가 관심을 두고 있는 분야라고 하더라도 그 분야의 고전을 바로 읽게 한다면 어떨까? 처음에는 의욕적으로 책을 읽으려고 할지 모른다. 하지만 대부분 조금만 시간이 지나면 흥미를 잃기 십상이다. 대부분 고전은 어려운 용어가 많고 지루하기 때문이다.

신사임당은 새벽에 일어나 책을 읽고 좋은 글귀를 적어 집 안 곳곳에 붙여 두었다. 프로이트의 어머니는 아이에게 어려운 그리스어, 라틴어 문법을 익히게 하기 위해 비슷한 방법을 썼다. 중요한 문법을 메모해서 집 여기저기에 붙여서 아이가 자연스럽게 익히도록 했다. 자연스럽게 자주 노출해 거부감을 줄여 준 것이다.

칼 비테는 아이가 흥미 있게 공부를 할 수 있는 방법을 항상 연구했다. 그뿐 아니라 어떤 분야를 공부해야 하는 이유에 대해서 자세히 설명해 주었다. 산책하러 나가서도 걷기만 하는 법이 없었다. 항상 풍부한 대화거리를 준비했다. 칭기즈칸의 정복 이야기, 그리스인의 트로이 성 함락 이야기, 곤충의 생태 등 아이의 호기심을 자극할 이야기를 잔뜩 준비했다.

3. 고전 읽기 효과의 극대화

부모는 답을 주는 사람이 아니라 질문하는 사람이 되어야 한다. 책을 읽으면서 아이들은 여러 가지 질문을 할 수 있다. 부모는 아이의 질문에 스마트 폰 검색으로 바로 답을 주기보다는 스스로 생각할 수 있는 질문을 던져 줘야 한다.

아이가 책을 읽은 후에는 어떤 방식이든 스스로 정리하는 기회를 주어야 한다. 방법은 아주 다양하다. 산책하면서 어제 읽은 책에 관해서 설명해 달라고 할 수도 있다. 혹은 다른 가족이나 친구들에게 책에 대해서 말해 달라고 하는 것도 좋은 방법이다. 가장 이상적인 것은 가족이 함께 책을 읽고 토론하는 것이다.

좋은 글귀는 부모와 함께 적어 보는 것도 좋다. 필사는 단순 필사에 그치지 말고 자신의 느낌도 함께 적으면 좋다. 메모를 집안 곳곳에 붙여 두고 수시로 읽어보자.

독후감을 쓰는 것도 좋은 방법이다. 하지만 처음부터 독후감을 쓰는 방법은 별로 추천하고 싶지 않다. 아이가 책을 읽어 나갈 때마다 독후감을 써야 한다는 부담감에 자칫 흥미를 잃을 우려가 있다. 독후감에 집착하지 말자.

어떤 방법이든 전제는 아이가 부담을 느끼지 않고 재미있는 분위기여야 한다는 것이다.

아이가 큰 뜻을 품게 하자

앞에서 내 아이와 고전의 만남을 위해 많은 것을 준비하자고 했다. 아이의 관심 분야를 파악하고, 고전 리스트를 준비하고, 흥미를 끌어올리는 방법을 연구하는 등. 모두 중요한 일이다. 내가 운영하는 블로그와 카페에서도 다양한 방법을 참고할 수 있다.

하지만 이런 기술적인 방법은 아이가 스스로 할 수 없을 때 도움을 주는 것에 불과하다. 언제까지 부모가 모든 것을 해줄 수는 없다. 평생 고전을 읽고 위대한 생각과 행동을 하는 아이로 만들기 위해서는 큰 뜻을 품도록 해줘야 한다. 큰 뜻을 품은 아이는 작은 바람에 흔들리지 않는다. 목적을 이루기 위해서 필요한 것은 스스로 찾아서 한다.

조선 시대 유학자 율곡 이이는 《격몽요결》에서 이렇게 강조했다. "처음 학문을 하는 사람은 반드시 맨 먼저 뜻부터 세워야 한다."

아이들에게 큰 뜻을 품게 하려면 어떻게 해야 할까? 뱁새 같은 부모가 황새 같은 자식을 키워 낼 수 없다. 부모가 먼저 큰 뜻을 품어야 한다. 부모가 흔들리지 않는 단단한 내공을 소유해야 한다. 그렇게 하려면 부모가 먼저 고전을 읽어야 한다.

엄마 아빠가 먼저 하는
고전 읽기

"현대인에게는 세 가지 과오가 있다. 첫째 모르면서 배우지 않는 것.
둘째 알면서 가르치지 않는 것. 셋째 할 수 있는데 하지 않는 것."
- 영국 교훈

부모가 먼저 삶에 대한 철학을
확고하게 세우고 불안에서 벗어나자

"학원이야 뭐, 학부모들 불안을 먹고 사는 거지."

얼마 전 학원을 운영하는 지인을 만났다. 그는 학부모들의 심리에 대해서 많은 이야기를 했다. 학부모들의 불안감을 자극하면 많은 수강생을 끌어들일 수 있다고 했다. 특히 다른 부모들과 비교하는 것이 효과적이란다.

소신껏 학원을 안 보내던 부모들도 '무슨 배짱으로 학원을 안 보내는 것이냐? 요즘 웬만한 애들은 주요 과목 학원은 다 다닌다. 애들 성적은 부모가 신경을 써 줘야 한다.'라는 식으로 상담하면 어지 간해선 다 넘어온다는 것이다.

학부모들은 왜 이렇게 불안해할까? 여러 가지 이유가 있을 것이 다. 먼저, 대한민국에서 대학 입시의 무게감이 엄청나다. 아직은 대 학을 잘 나와야 좋은 직장에 취직한다는 것이 수학 공식처럼 우리 의 머릿속에 자리 잡고 있다. 매년 수학 능력 시험일이 다가오면 온 나라가 난리다. 신문과 뉴스에서는 연일 백일기도 하는 부모의 모 습을 보여준다. 직장인들은 출근 시간을 조정하기도 한다.

또한 '교육은 학교나 학원의 몫'이라는 인식이 강하다. 남들이 다 다니는 학교, 학원에 보내지 않으면 불안해진다. '한 아이를 키우려 면 온 마을이 필요하다.'라는 말은 지금 시대에는 맞지 않는다. 우리 는 압축적인 산업화를 겪는 과정에서 부모는 일터에서 열심히 일을 하는 것이 미덕이었다. 교육은 전문가들이 친절하게 대신해 준다. 분업의 효율화다.

아이가 고등학생 정도 되면 교과 내용도 너무 어려워진다. 미적분 은 암호 수준이고, 영어 지문은 왜 그렇게 긴지 한 문장이 서너 줄 넘 어가는 것이 기본이다. 대다수의 평범한 부모들은 직접 교육하는 것 이 현실적으로 거의 불가능하다. 학교와 학원에 의존할 수밖에 없다.

위에서 언급한 내용을 보면서, 고개를 끄덕거리며 공감을 한 부분이 있을 것이다. 하지만 이런 것들은 부차적인 이유라고 볼 수 있다. 더욱 근본적인 이유가 있다. 부모가 불안해하는 근본 원인은 바로 삶에 대한 철학의 부재다. 인생에 대한, 인간에 대한, 자녀 교육에 대한 자신만의 생각이 없는 것이다.

그렇기 때문에 남의 생각을 따라간다. 전문가라는 사람들의 의견을 따른다. 전문가들이 조금만 불안하게 하면 거기에 넘어가 버리고 마는 것이다.

그 사이에 아이의 정서는 피폐해지는 수가 많다. 부모와 자식 간의 관계가 공부 때문에 조금씩 어긋나기 시작한다. 어느 순간부터 대화가 잘되지 않는다. 부모 자식 관계는 '통(通)'해야 하는 관계다. 그런데 어느새 서로가 서로에게 '불통(不通)'의 아이콘이 되고 만다.

인간은 이유가 있는 행동은 아무리 어려운 것이라도 거뜬히 참아 낸다. 하지만 '내가 지금 왜 이러고 있는 거지?' 하는 생각이 든다고 해보자. 아무리 쉬운 일이라도 참아 내기 힘들 것이다. 설령 견딘다고 하더라도 마음 깊은 곳에 불만이 쌓인다. 그래서 철학이 중요하다.

인문고전 독서를 통해 부모가
먼저 높이 나는 새가 되자

부모는 먼저 아이에게 왜 공부해야 하는지 충분히 이해시켜야 한다. 아이와 함께 인생은 무엇인지, 어떻게 살아야 할지 고민해야 한다. 부모의 생각, 엄밀히 말하면 다수의 생각을 강요한다면 언제 터질지 모르는 시한폭탄을 아이의 가슴에 심어 주는 것이다.

부모가 인문고전 독서를 먼저 해야 하는 이유가 여기 있다. 인문 고전 독서를 제대로 하는 부모치고 아이의 학교 성적에 불안해하는 부모는 없다. 만약 그런 사람이 있다면 인문고전을 제대로 생각하면서 읽지 않은 것이다. 수박 겉핥기식으로 지식 자랑하기 위해 읽은 것밖에 안 된다.

인문고전을 읽으면 세상을 바라보는 눈이 달라진다. 다수가 추종하는 한두 가지 가치에만 매몰되지 않는다. 대중의 의식에 세뇌되지 않는 것이다. 남들과 다른 가치를 찾고, 큰 이상을 품는다. 장자의 《소요유》에 나오는 붕새와 매미의 이야기를 보자.

"북쪽 바다에 물고기가 있는데 이름을 곤이라 한다. 곤은 그 크기가 몇천 리인지 알 수 없다. 이것이 변하여 새가 되는데 그 이름을 붕이라 한다. 붕의 등 넓이도 몇천 리인지 알 수 없다. (중략) 대붕이 날아갈 때는 물결이 삼천리이며, 폭풍을 타고 구만리 상공에 올라 여섯 달이 되어야 쉰다. (중략) 매미가 대붕을 비웃으며 말했다. '내가 결심하고 한번 날면 느릅나무와 빗살 나무까지 갈 수 있다. (중략) 무엇 때문에 구만리 창공을 날아 남쪽으로 간단 말인가?'"

수천 리나 되는 크기의 대붕이 있다니 말도 안 된다고 생각하지 말자. 장자는 비유의 대가다. 그가 전해 주는 핵심 메시지를 파악해야 한다.

대붕이 폭풍까지 타고 올라 구만리를 날아가는 것을 보고 매미는 떠들어댄다. '저 바보 같은 대붕을 봐라. 나는 나무 사이를 날아다니면 되는데 뭐 하러 저렇게 고생하며 구만리를 날아가냐'고. 하지만 대붕의 마음 경계를 매미가 어떻게 알겠는가. 매미는 자기만의 세계에 갇혀 있다. 기껏해야 나뭇가지 사이를 오가는 게 매미가 사는 세상의 한계다.

리처드 바크의 《갈매기의 꿈》에는 '가장 높이 나는 새가 가장 멀리 본다.'라는 말이 나온다. 높이 날아오르면 눈앞에 보이는 것에만 급급하지 않다. 새로운 시야를 확보하고 멀리 볼 수 있다. 저 앞에 정말로 내가 가야 할 곳이 어디인지를 볼 수 있다는 것이다. 낮게 날며 이 나무 저 나무 옮겨 다니며 열매나 따 먹는 새들은 알 수 없는 세계다.

부모가 먼저 높이 나는 새가 되어야 한다. 대붕이 되어야 한다. 눈앞의 작은 열매만을 좇지 말고 인생이라는 것이 무엇인지 고민해야 한다. 나는 어떤 꿈과 이상을 마음에 품고 살아야 할지 가치관을 정립해야 한다.

그러면 불안에서 벗어날 수 있다. 아이에게 공부하라고 소리 지르는 것은 부모가 불안해서 그렇다. 지금 공부를 안 하면, 숙제를 안 하면, 내일 시험을 망치면 혹시라도 아이가 잘 못 될까 봐 불안한 것이다.

"오늘 학교 갔다 와서 책 몇 권 읽었어? 매일 세 권 이상 읽어야지. TV 그만 보고 들어가서 책 봐."

"아, 왜 엄마, 아빠는 TV 보면서 나한테만 책보라고 하는데?"

"자, TV 껐으니까 됐지? 어서 들어가."

평범한 가정의 흔한 광경이다. 부모가 손에 책을 잡지 않고 아이에게 읽으라고 하면 아이들은 어떤 마음이 들까? 입장을 바꿔 생각해 보자. 아니, 부모들 스스로 어린 시절을 생각해 보자. 엄마, 아빠는 드라마를 보면서 책을 읽으라고 했을 때 어떤 마음이 들었는가? 그렇게 하면 아이에게 부모의 말이 '씨가 안 먹힌다.'

아이들을 책과 가깝게 하고 싶다면 부모가 먼저 생활 속에서 책을 읽어야 한다. 가끔 '우리 아이는 머리가 굵어서 이미 늦었다.'라고 말하는 부모들이 있다. 핑계일 뿐이다. 지금이라도 늦지 않았다. 당장 부모가 《논어》를 읽고 《일리아스》와 《오디세이아》를 손에 들자.

부모들은 욕심이 앞서 아이의 잘못을 지적하고 거친 말을 쏟아내고 이내 후회하는 경우가 있다. 하지만 아이들은 생각보다 부모에게 너그럽다. 때로는 더 어른스럽다. 아이들은 부모가 고전을 읽고 변화하는 모습, 그 과정에서 감동한다.

지금까지 잘못해 왔으니 됐다고 성급히 결론 내리거나 포기하지 말자. 아이들은 부모의 변화를 기다려 줄 만큼 충분히 인내심이 강하다. 실수를 용서할 만큼 아주 관대하다.

부모가 읽은 고전은 아이들과 함께 나누자. 그러면 대화가 진지해진다. 일방적인 가치만을 강요하지 않을 수 있다. 따뜻한 시선으로 아이가 진정 원하는 것이 무엇인지 들어볼 수 있는 것이다.

자, 이제 엄마, 아빠가 먼저 고전을 읽자.

인문고전 독서, 시공을 뛰어넘는 천재들과의 대화

"상상력이 지식보다 더 중요하다. 지식은 유한하지만 상상력은
온 세상을 끌어안고 다 같이 진보하게 하기 때문이다.
더욱이 상상력은 지식의 원천이다."
- 알베르트 아인슈타인(독일의 물리학자)

인문고전 독서로 내 아이의
상상력을 키워 주자

"그녀는 헥토르가 도시 앞에서 끌려가는 것을 보았다. (중략) 그러자 칠흑 같은 어둠이 두 눈을 덮었고, 뒤로 넘어지면서 정신을 잃었다. 그녀의 머리에서 이마 띠며 머릿수건이며 곱게 꼰 띠며 면사포 같은 장식품들이 멀리 떨어져 나가 버렸다."

고대 그리스의 작가 호메로스가 지은 《일리아스》의 한 장면이다. 배경은 유명한 트로이 전쟁이다. 그리스에서 가장 강하고 용맹

했던 사람은 아킬레우스였다. 그에 대적하는 전사는 트로이 왕자 헥토르였다.

헥토르는 전쟁에서 수많은 그리스인을 죽였다. 그중에는 아킬레우스의 절친한 친구 파트로클로스도 포함되어 있었다. 아킬레우스는 친구를 잃은 복수심에 불탄다. 그는 헥토르를 찾아가 겨루고 창으로 단번에 목을 찔러 승리한다.

당시에는 죽은 사람을 후하게 장례 지내 주는 것이 상식적인 일이었다. 헥토르도 죽어 가면서 자신을 화장할 수 있게 해 달라고 한다. 하지만, 이성을 잃은 아킬레우스는 헥토르의 두 발을 묶고 전차에 매달아 질질 끌면서 트로이의 성을 몇 바퀴나 돌았다.

이 모습을 보고 헥토르의 아내인 안드로마케가 쓰러진다. 그 장면을 한번 상상해 보자. 그녀는 헥토르가 돌아올 줄 알고 목욕물까지 데우고 있었다. 그러다 갑자기 시어머니의 비명을 듣고 미친 사람처럼 뛰어나가 남편의 처참한 모습을 본 것이다.

영화나 드라마에서 사람이 심한 충격을 받고 졸도하는 장면을 본 적이 있을 것이다. 호메로스가 이런 상황을 묘사한 것이 정말 기가 막히다. 칠흑 같은 어둠이 두 눈을 덮는다. 흰자위가 올라오면서 눈을 감는다는 것이다. 그러면서 뒤로 넘어진다. 머리의 띠가 하늘거리며 떨어진다. 장식품이 떨어져 나간다.

실제 눈앞에서 쓰러지는 모습이 그려진다. 슬로비디오를 보는 듯하다. 상상력을 자극하는 멋진 묘사다.

　인간과 짐승의 차이는 무엇일까? 그것은 상상력의 차이다. 인간은 지금 현실보다 좀 더 나은 무언가를 항상 욕망하는 존재다. 그리고 그 욕망을 채우기 위해 상상한다. 그 상상을 현실로 이뤄 온 과정이 인간 문명의 발달 과정이다.

　사람이라고 다 같은 사람이 아니다. 천재와 평범한 사람은 상상력의 수준이 다르다. 상상력을 얼마나 키우느냐가 평범함과 비범함을 결정한다.

　조앤 K. 롤링은 마법사 소년 해리 포터에 대한 영감이 떠오른 뒤에 그와 대화하는 상상을 했다고 한다. 그러면서 해리 포터를 둘러싸고 있는 환경이나 주변 인물들을 하나씩 창조해 나갔다. 그녀는 돈이 없어 때로는 맹물로 아이의 허기를 달래 주었다. 그러면서 동네 카페에서 미친 듯이 글을 썼다. 그 결과 전 세계의 어린이뿐 아니라 어른들까지도 해리 포터의 마법 세계에 푹 빠질 수 있었다.

　스티븐 스필버그는 상상력의 아이콘이다. 그는 어디로 튈지 모르는 상상력으로 멋진 영화를 만들어 냈고, 새로운 세상을 창조했다. 착한 외계인 E.T., 사랑을 원하는 꼬마 A.I, 신비한 섬에 부활한 쥐라기 시대 공룡 등. 수많은 작품에서 우리의 호기심과 상상력을 자극한다.

책은 잡담과는 다르다. 친한 사람들과 잡담하는 것은 정리되지 않은 생각을 정제되지 않은 언어로 툭툭 던져도 큰 문제가 되지 않는다. 하지만, 책은 다르다. 저자에게 책은 자신의 분신이나 마찬가지다. 자신의 인생을 걸고 온갖 정성을 기울여 쓴다. 특히 인문고전은 더욱더 시대를 대표하는 저자들의 혼이 담겨 있다.

따라서 우리는 인문고전 독서를 통해 천재들의 생각을 읽을 수 있다. 저자가 하고 싶은 말이 무엇인지, 생각의 정수가 무엇인지 느낄 수 있다.

때로는 저자와 대화를 나누기도 한다. 나는 어릴 적 단편소설 〈소나기〉를 읽으면서 소녀를 눈감게 한 작가를 원망했다. '꼭 그래야만 했을까, 해피 엔딩이면 안 되었을까?'. 내 나름대로 상상력을 발휘해 마음에 드는 결말을 만들어 보기도 했다.

인문고전 분야별 특징

문학작품은 상상력을 키우는 데 더할 나위 없이 좋다. 작품 속의 생생한 묘사를 아이에게 읽어 주면서 그 장면을 머릿속에서 그려보라고 해보자. 시각적인 상상에 도움이 된다. 등장인물들 사이의 갈등 관계가 어떤 식으로 마무리될지 물어보자. 아이는 스스로 이야기를 만들어 낸다. 스토리텔링 능력을 키워 줄 수 있다.

아이에게 역사서를 읽어 주다가 결말을 가르쳐주지 말고 어떻게 되었을지 생각해 보게 하자. 그리고 그렇게 생각한 이유를 물어보자. 아이들은 이유를 생각하기 위해 온갖 상상력을 동원한다. 역사와 관련된 영화를 보여주고 흥미를 유발하는 것도 좋은 방법이다.

철학 고전은 어렵다. 특히 서양 철학서는 아이들이 책 내용을 전부 다 이해하는 것을 기대하기는 어렵다. 하지만 저자들의 생각과 자신의 이해 사이의 간극을 상상으로 메우는 노력을 할 수 있다.

서양 철학은 되도록 아이의 이해력이 높아진 이후에 접하도록 해주자. 그렇지 않으면 아이가 어려운 철학 용어 속에 빠져서 질려 버릴 수 있다.

동양 철학은 비교적 아이들이 접근하기 쉽다. 《논어》나 《소학》은 필사하면서 생각을 깊게 할 수 있는 시간을 가질 수 있다. 《장자》는 우화 형식으로 된 부분을 발췌해서 이솝우화처럼 재미있게 읽을 수 있다.

고전은 원전이나 완역본으로 읽히자

요즘은 고전이 만화나 요약본으로도 많이 나와 있다. 고전에 어느 정도 관심이 있는 부모들은 나와 상담하면서 이렇게 물어본다.

"고전을 만화로 읽으면 어떤가요?", "만화로라도 보는 게 아예 읽지 않는 것보다는 낫지 않나요?", "고전은 어차피 다 읽기 어려운데 요약본을 보고 대략 어떤 내용인지 정도 알면 되지 않을까요?"

그럴 때면 나는 이렇게 대답한다.

"고전은 반드시 원전이나 완역본으로 읽도록 해야 합니다."

내가 이렇게 주장하는 이유는 고전을 만화나 요약본으로 읽었을 때 장점보다 단점이 더 많기 때문이다.

어려운 고전에 흥미를 갖게 하고, 대략적인 사실과 지식을 습득하는 데는 만화나 요약본도 어느 정도 도움이 된다. 하지만 딱 거기까지다.

고전을 읽는다는 것은 시공을 뛰어넘어, 천재 저자들과 만나고 대화하는 것이다. 고전의 맛을 제대로 음미하고, 상상력을 키우려면 반드시 원전으로 읽어야 한다. 요약본은 대강의 스토리만 정리되어 있는 경우가 많다.

요약본으로 대강의 스토리만 파악하는 식으로 고전을 읽기 시작하면 그 습성을 버리기가 어렵다. 천천히 생각하고 곱씹으면서 머릿속에서 정리하고 지식이 화학반응을 일으키는 기회가 없어지는 것이다.

어떤《일리아스》의 요약본도 헥토르의 아내가 쓰러지는 장면을 원전처럼 생생하게 표현하지 못한다. 고전 속에 깃든 천재들의 핵심적인 메시지는 요약본에 카피할 수 없는 것이다. 아이들에게 고전을 읽히려면 제대로 읽히자.

연령별 고전
독서 방법

"아이가 스스로 공부하게 하는 것은
최고의 기술이요. 예술이다."
- 레프 비고츠키(러시아의 심리학자)

부모의 시간표를 버리고
아이의 시간표에 맞춰라

'칼 비테는 어릴 때부터 아이에게 고전 독서를 시켜서 열세 살에 박사 학위를 받았네. 그런데 우리 아이가 벌써 열세 살이야. 우리 애는 글렀군.' 어떤 부모들은 이런 생각을 할지 모르겠다. 주위에는 아이가 태어났을 즈음에 칼 비테 교육법을 알았는데, 적용을 못 해서 시기를 놓쳐 버려 부모로서 자괴감이 든다고 하는 사람들도 있다.

자녀 교육에 있어서 부모는 욕심과 조급증을 버려야 한다. 이 두

가지는 부모도 망치고 아이도 망친다. 자녀 교육만큼은 부모의 시간표를 버리고 아이의 시간표에 맞춰야 한다. 아이의 호기심이 일어날 때까지 인내하고 기다려야 한다. 자녀 교육의 성공은 부모의 인내심과 아이의 호기심에 달려있다.

칼 비테는 아이를 여섯 살 이전에는 책상에 앉히지 않았다. 여섯 살 이후부터 한 번에 15분 정도씩 책상에 앉아서 공부하게 했다. 칼 비테 주니어도 어릴 때는 책을 읽기 싫어했다. 칼 비테는 아들이 글을 익히고 나서도 바로 책을 읽게 강제하지는 않았다. 스스로 읽고 싶다고 말할 때까지 호기심과 흥미를 자극하면서 기다렸다.

만약 내 아이가 초등학교 고학년인데, 중학생인데 책을 읽는데 딱히 흥미가 없다면? 기다려야 한다. 그런데 마냥 손 놓고 기다리기만 하면 안 된다. 아이의 흥미를 끌고 호기심을 자극하는 방법을 계속 연구해야 한다.

'이번에는 이렇게 해볼까?'라고 자극을 줘야 한다. 막무가내로 밀어붙이지(Push) 말고 넌지시 쿡 찔러봐야(Nudge) 한다. 그것이 아이의 잠재력을 극대화하는 방법이다.

아이의 호기심에 맞춰
인문고전 독서를 시작하자

인문고전 독서는 언제부터 어떻게 하는 것이 좋을까? 칼 비테를 비롯한 여러 사례와 경험을 바탕으로 연령별 고전 독서 방법을 소개한다. (편의상 시기는 초등학생까지로 제한했다)

고전 독서에 정해진 시기나 방법은 없다. 아인슈타인도 13세에 본격적으로 인문고전을 공부하기 시작했다. 레오나르도 다빈치는 36세가 되어서야 인문고전에 흠뻑 빠졌다. 마음의 여유를 갖고 내 아이의 호기심 시간표에 맞춰 유연하게 적용해 보자.

◆ 0세~4세

고전 독서에 욕심을 부리지 말자. 다만, 언어 감각은 자극해 주는 것이 중요하다. 칼 비테가 《아이네이스》를 영아 때부터 꾸준히 읽어 주었듯이, 부모가 마음에 드는 고전을 한두 권 정해 하루에 5분이라도 꾸준히 읽어주자.

우리 시나 《이솝우화》를 추천한다. 시중에 나와 있는 동화책들도 무방하다. 칼 비테처럼 《아이네이스》를 읽어주는 것은 생각을 좀 해볼 문제다. 아예 라틴어로 읽어 줄 것이 아니라면 번역된 고전을 읽어주는 것은 큰 도움이 되지 않는다.

◆ 4세~7세

아이가 의사 표현을 하기 시작하고, 자기 생각을 어느 정도 논리적으로 표현하는 시기다. 이 시기에 아이를 억지로 책상에 앉히려고 하면 곤란하다. 부모가 생활 속에서 자연스럽게 책을 많이 읽어주면 된다. 이 시기에는 노는 게 아이의 의무다. 많이 놀 수 있도록 해주자.

간혹 빨리 말과 글을 익혀서 열심히 책을 읽는 아이들도 있다. 그런 경우는 마음껏 책을 읽게 하자. 다만, 책 읽는 시간은 한 번에 15~30분 정도로 관리를 해주자. 놀면서 두뇌가 더 잘 발달한다.

이 시기에 책을 읽어줄 때는 상상력을 끌어올리는 질문이 필수적이다. "이 뒤에는 어떻게 될까?", "여우는 이때 기분이 어땠을까?", "주인공이 불쌍하네. 너라면 어떻게 고쳐 볼래?"와 같이 생각을 이끌어 내는 질문을 던지자.

◆ 8세~10세

초등학교 저학년 시기에 아이들의 어휘력은 폭발적으로 증가하기 시작한다. 이 시기에는 흥미를 이끌어 낼 때 매력적인 캐릭터를 활용하면 좋다. 예를 들면 피노키오나 피터팬처럼 주인공 자체가 흥미를 끌면 아이들이 스스로 책을 읽는다.

그리고 호흡이 긴 글 보다는 짧은 글 위주로 스스로 읽게 하자.

《소나기》,《아낌없이 주는 나무》와 같이 짧은 소설이나 시가 좋다. 아이가 내용은 궁금한데 스스로 읽는 속도가 느려 부모에게 읽어 달라고 할 수 있다. 이런 때 부모가 읽어주는 것도 좋다. 특히 시는 부모의 목소리로 읽어주면 감동을 공유할 수 있다.

대부분 아이는 이 시기에 한글을 적는 데 큰 어려움을 느끼지 않는다. 멋진 시 구절이나 명언 같은 것을 적어 보도록 하자. 특히《논어》,《명심보감》,《채근담》같은 동양 고전에는 짧은 글 속에 생각할 것이 많아 필사에 적당하다.

이때는 정확한 언어의 습득이 무엇보다도 중요하다. 모르는 단어가 나오면 꼭 사전을 통해 정확한 뜻을 파악하는 습관을 길러 주자.

◆ 11세~13세

두께가 있고, 용어가 어려운 책도 읽도록 도와준다. 이 시기에는 아이들의 자아가 조금씩 강해지는 때다. 간섭은 금물이다. 적절히 개입하는 것이 중요하다.

이 시기에 아이들의 흥미를 이끌어 내는 방식은 책을 읽었을 때의 좋은 점을 명확하게 알려주는 것이다. "이 책은 스티브 잡스가 읽고 반했던 책이야.", "전 세계를 주름잡는 상위 0.1%만 이 책의 진가를 알고 있지."하는 식으로 호기심을 자극하자.

스스로 하고 싶으면 독서록을 따로 적게 하는 것도 좋다. 하지만 부모가 나서서 무리하게 만들게 하는 것은 권하지 않는다.

《논어》, 《소학》, 《명심보감》 등의 동양 고전을 처음부터 끝까지 천천히 읽어 나갈 수 있도록 도와주자. 처음에는 어려움을 느낄 것이다. 되도록 매일 시간을 정해 읽도록 하자. 가장 좋은 것은 부모와 함께하는 것이다. 존 스튜어트 밀은 어린 시절에 아버지와 한방에서 함께 고전을 공부했다. 그러면서 의문이 나는 점은 바로바로 해결했다.

아이들이 자신만의 열매 노트를 만들어 책에서 본 멋진 말을 따 담는 습관을 들이면 좋다. 단순히 옮겨만 적는 것이 아니라, 자신만의 명언을 만들어 보게 하자. 명언을 각색해 보고 서로 연결도 해 보면서 새로운 명언을 창조해 낼 수 있다.

다시 한번 강조한다. 부모는 욕심과 조급증을 버려야 한다. 양보다는 독서의 질이 중요하다. 소가 되새김질을 하듯이 천천히 곱씹으면서 생각하는 읽기를 하도록 해야 한다. 줄거리만 열심히 따라가는 고전 독서는 아무런 의미가 없다. 그럴 거라면 수험서처럼 내용을 요약한 요약집을 보는 게 낫다.

인문고전은 감동적인 부분은 줄을 긋고, 접고, 때로는 필사하면서 읽어야 지혜가 축적된다. 그런 독서의 힘이 쌓여 아이의 삶을 풍부하게 한다.

보통 독서가들에게는 '인생 책'이 있다. 어릴 때 읽고 감동한 책을 살아가면서 반복해서 읽는 것이다. 같은 책이라고 하더라도 읽는 시기에 따라 감동이 다르다. 나에게는 《어린 왕자》와 《데미안》이 인생 책이다. 내 아이도 읽을 수 있게 호기심을 자극하고 있다.

아이들이 한 살이라도 어릴 때 품격 있는 고전에 많이 노출해서 '인생 책'을 만날 기회를 주자.

아이가 읽는 책의 수준이 그 아이의 인생 수준이다.

어린 왕자
(생텍쥐페리)

원전 읽기

나는 모자를 그린 것이 아니었다. 그 그림은 코끼리를 소화하는 보아뱀이었다. 그래서 나는 어른들이 이해할 수 있도록 보아뱀의 속을 그려 주었다. 어른들은 언제나 설명해 주어야 한다.

만약 어른들에게 새로 사귄 친구 이야기를 하면 어른들은 중요한 것을 묻지 않는다.

"그 친구의 목소리는 어떠니? 무슨 놀이를 좋아하니? 그 친구도 나비를 수집하니?" 이렇게 묻는 일은 절대 없다.

"넌 나에게 아직은 다른 수많은 소년과 다를 바 없어. 그래서 난 네가 필요하지 않아. 나 또한 너에겐 평범한 한 마리 여우일 뿐이지. 하지만 네가 나를 길들인다면 우리는 서로 필요하게 되는 거야. 너는 나에게 이 세상에 단 하나뿐인 존재가 되는 거고, 나도 너에게 세상에 하나뿐인 유일한 존재가 되는 거야…."

"가장 중요한 것은 눈에 보이지 않아. 네 장미꽃이 그토록 소중한 것은 그 꽃을 위해 네가 공들인 그 시간 때문이야. 하지만 너는 그것을 잊으면 안 돼. 너는 네가 길들인 것에 대해 언제까지나 책임이 있는 거야. 너는 네 장미에 대해 책임이 있어."

"사막이 아름다운 것은 어딘가에 샘을 감추고 있기 때문이야…."

"누군가에게 길들여진다는 것은 눈물 흘릴 일이 생긴다는 것인지도 모른다."

중요한 것은 눈에 보이지 않는다. 어린아이의 눈으로 편견 없이 천진난만하게 세상을 보면 어른의 눈에 보이지 않는 것들이 보인다. 그것은 껍데기가 아닌, 사물의 본질을 보는 눈이 아닐까?

중요한 것은 '관계'다. 사람은 때로 사람 사이에서도 외롭다. 요즘은 SNS를 통해 몇 초면 친구를 만들 수 있다. 하지만 충분한 시간을 갖고 길들이는 과정이 없는 관계는 공허할 수밖에 없다. 의미 없는 수천 송이의 장미보다는 길들이는 과정을 거친 한 송이의 꽃이 더 소중하고 의미가 있다. 그리고 그 관계에는 책임이 따른다.

아이에게 친구에 관해 물어볼 때 어디에 사는지, 부모님이 뭐 하시는 지, 학원은 어디를 다니는지 물어보지 말자. 그것은 그 친구의 본질이 아니다. 우리가 알아야 할 중요한 것이 아니다.

사막이 샘을 감추고 있어 아름답듯이, 우리 아이도 눈에 보이지 않는 소중한 것을 품고 있다. 그것을 알아봐 주고 아름답게 키워 주는 것이 부모의 역할이 아닐까?

아이에게 던지는 질문

• 눈에 보이지 않는 것 중에 중요한 것에는 어떤 게 있을까?

• '길들인다'는 것은 무엇일까? 어떤 친구와 이런 경험을 해봤니? 왜 그렇게 생각하니?

• 길들인 것에 대해 책임이 있다는 것은 어떤 의미일까?

데미안
(헤르만 헤세)

원전 읽기

"새는 알에서 나오려고 투쟁한다. 알은 세계다. 태어나려는 자는 한 세계를 깨뜨리지 않으면 안 된다. 새는 신에게 날아간다. 신의 이름은 아브락사스다."

"어떤 예감이 당신을 찾아들고 영혼 속에서 어떤 목소리가 들리기 시작하면 그것들에 당신의 몸을 맡기시오. 그것이 선생님이나 아버지, 혹은 하나님의 뜻과 일치하는지를, 그들의 마음에 드는지를 먼저 묻지 마시오! 그런 물음이 사람을 망치는 것이지. 그렇게 함으로써 사람들은 안전하게 인도로 걸으면서 화석이 되고 마는 거요."

"태어나는 건 언제나 어려운 일이지요. 새도 알을 깨고 나오려면 온 힘을 다해야 한다는 걸 당신도 잘 알잖아요. 돌이켜 자신에게 한번 물어보세요. 그 길은 그렇게도 어려웠

던가? 그저 어렵기만 했던가? 그러나 역시 아름답지는 않았
는가? 하고. 당신은 보다 더 아름답고 쉬운 길을 알고 있나
요?"

나는 고개를 가로저었다. 나는 잠꼬대하는 것 같은 말투
로 말했다.

"어려웠어요. 꿈이 내게로 오기까지 정말 어려웠어요."

에바 부인은 머리를 끄덕이며 나를 뚫어지게 바라보았
다.

"그래요. 사람은 누구나 자신의 꿈을 발견해야 해요. 발
견하고 나면 길은 한층 쉬워지지요. 하지만 영원히 계속되
는 꿈이란 없어요. 또다시 새로운 꿈이 나타나지요. 어떤
꿈에도 집착해서는 안 돼요."

작가의 이야기

우리는 두 세계 사이에서 갈등하는 존재다. 기존의 세계
와 새로운 세계. 새가 알을 죽을힘을 다해 깨듯이 우리는 한
세계를 부수고 나와야 다른 세계로 나아갈 수 있다. 인간은
그렇게 한 세계를 깨뜨리는 성장통을 겪으면서 성숙해 가
는 것이다.

기존의 세계를 깨뜨려야겠다는 욕망은 논리적인 귀결로 생기는 것이 아니다. 그것은 충동적이다. 그 충동은 내면의 자아와의 만남을 통해 일어난다. 헤세가 소설 속에서 '인간에게 자아를 향해 나아가는 일보다 더 어려운 일은 없다.'라고 말했듯이 자신의 자아와 대면한다는 것은 결코 쉬운 과정이 아니다.

또한 힘겹게 알을 깨고 나와 만나는 세계가 영원한 종착지인 것도 아니다. 우리는 힘들게 다다른 세계에서 다시 기존의 세계로 돌아가기도 하고, 새로운 스승을 찾아 떠나기도 한다. 자아는 쉽사리 완성되지 않고, 끊임없이 다른 목표를 제시하면서 우리를 이끌어 가기 때문이다.

우리는 자기 내면에 귀를 기울여야 한다. 정말로 간절히 원하는 것이 무엇인지 답을 찾을 때까지. 아이에게도 자기 내면에 귀 기울일 수 있는 힘을 길러주자.

- 엄마, 아빠가 하지 말라고 하는 것 중에서 꼭 하고 싶은 게 있다면 무엇이니?
- 정말로 간절히 원하고, 생각이 그것 하나로 가득차면 상상한 것을 얻을 수 있어. 꼭 하고 싶은 것이 그만큼 가치 있는 것이니?
- 정말로 원하는 가치 있는 것, 꼭 얻어야 하는 것이 무엇인지 알려면 어떻게 해야 할까?

5장

행복한 천재는 부모가 만든다

당신은 지금 이 책을 왜 읽고 있는가? 당신 아이를 교육하는 목적은 무엇인가? 바로 답을 말할 수 없다면 고민의 시간을 가져 보자. 설마 그 답이 '전교 1등'이나 '대기업 취직'은 아니길 바란다.

"내 기본 원칙이 첫째, 칼이 배우고 싶어 해야 하고 둘째, 칼에게 가장 필요한 것을 가르쳐야 하고 셋째, 가장 이해하기 쉽게 가르쳐야 한다는 것이다."

"나는 칼을 영재로 만들고 싶지 않아. 나는 칼의 신체와 정신을 성장시키고 선한 영혼을 지켜 주고 싶어."

교육은 왜 하는가? 칼 비테는 항상 교육의 목적을 염두에 두었다. 그는 자식이 세상에 필요한 참된 '사람'이 되길 바랐다. 인간이 이루어 놓은 수많은 지식과 예술 등을 경험하면서 깨달음의 기쁨을 느끼길 바랐다.

아들이 영재가 된 것이 그가 애초에 목표한 바는 아니었다. 아이에게 전인적인 교육을 하는 과정에서 자연스럽게 그런 결과가 나왔을 뿐이다.

다시 한번 강조한다. 중요한 것은 칼 비테가 어떤 '방법'으로 교육했느냐가 아니라 어떤 '철학'을 바탕으로 일관성을 유지했는가 하는 것이다. 부모가 철학이 없으면 주변의 말에 흔들린다. 이리 휘둘리고 저리 휘둘리는 부모 밑에서 아이들은 헷갈릴 것이다.

부모라면 칼 비테처럼 명확한 신념으로 아이와 함께 성장해 나가자.

부모가 변해야
아이가 변한다

"자식을 불행하게 하는 가장 확실한 방법은 언제나 무엇이든지
손에 넣을 수 있게 해주는 일이다."
- 장 자크 루소(프랑스의 계몽 사상가)

입시 공부의 끝은 버티는
삶일 뿐이다

"요즘은 부모 노릇하기 힘들어. 예전에 애들은 그냥 알아서 컸는
데 말이야."

"할아버지의 재력, 엄마의 정보력, 아빠의 무관심이 전교 1등을
만든다잖아. 아빠는 돈만 벌어 주면 되지 뭘."

주위에 부모들을 만나 보면 다들 하는 이야기가 비슷하다. 모두
'어떻게 하면 자녀가 학교 공부를 잘하게 할까?'하는 고민을 한다.
아이를 키우는 입장에서 생각하지 않을 수 없는 것이 학교 성적, 입

시 문제다. 하지만 정도가 좀 심하다 싶을 때가 종종 있다.

아이가 중학생 정도만 되어도 모든 가족 일정이 학교 시험과 학원을 중심으로 돌아간다. 부모의 회사에서 여름휴가, 겨울 휴가를 주어도 아이가 다니는 학원의 방학 일정과 맞지 않으면 어디 놀러 가지도 못한다. 가족 여행을 학원 일정에 맞추는 것이다. 심지어 추석이나 설에도 명절 당일 말고는 수업을 진행하는 학원도 있다.

'제대로' 부모 노릇을 한다는 것은 어떤 것일까? 돈 잘 벌어서 학원비를 잘 지원해 주고, 아이들 공부하라고 명절에 아무 데도 안 가고 밥 해주는 것일까?

대다수 부모가 원하는 대로 아이들이 공부를 잘했다고 가정해 보자. 그러면 아이들은 어떻게 살아갈까? 아마 대부분은 부모의 바람대로 명문대에 합격할 것이다. 그리고 열심히 스펙 쌓는 대학 생활을 할 것이다. 그리고 대학 졸업 후에는 대기업, 공기업에 취직하거나 공무원이 될 것이다.

2018년 4월 27일 자 매일경제신문에는 이런 기사가 실렸다.

"취업 포털 인크루트가 20~30대 직장인 856명을 대상으로 퇴사에 관해 물어본 결과 61%가 '현재 퇴사를 희망한다'라고 말했으며, 36%는 '퇴사를 희망한 적이 있다'고 답했다."

통계가 모든 진실을 말해 주지는 않는다. 하지만 주위를 둘러봐도 직장 생활이 좋다는 사람을 거의 만나 보지 못했다. 많은 직장인은 쉽지 않은 과정을 통해 입사했음에도 불구하고 퇴사를 원한다. 왜 그럴까?

여러 가지 이유가 있겠지만, 한마디로 말하자면 행복하지 않아서 그렇다. 회사에 다니는 것이 아주 만족스럽고 행복하다면 왜 퇴사를 희망하겠는가?

그러면 왜 행복하지 않을까? 자신이 하고 싶은 일을 하고 있지 않기 때문이다. 가슴 뛰는 일을 하지 않으니, 재미가 없다. 돈을 벌기 위해 억지로 하는 일이니 몇 년은 참고 하겠지만, 머리로 가슴을 억누르며 하는 일은 오래 가지 못한다. 지금 이 책을 읽고 있는 부모들도 대부분 그렇지 않은가? 버티는 삶, 견디는 삶을 물려주고 싶은가?

세상은 변해도 인간의 문제는 변하지 않는다

우리 아이들이 주역이 되어 살아갈 시대를 생각해 보자. 구글의 대표이사였던 에릭 슈미트는 2010년 8월 한 컨퍼런스에서 이렇게 말했다. "현대인들은 이틀마다 문명의 발달 초기부터 2003년까지 인류가 생산한 것만큼의 정보를 만들어 내고 있다."

지금은 정보 홍수라는 표현으로는 모자를 정도로 정보가 가히 폭발적으로 쏟아지는 시대다. 정보 과잉의 시대다. 이제 사실(Fact)을 잘 외우고 있는 것만으로는 경쟁력을 발휘할 수가 없다. 손가락 몇 번 움직이면 구글과 위키피디아에서 거의 모든 정보를 얻을 수 있는 세상이다.

미국 발달심리학자인 로베르타 골린코프 박사와 브루킹스 연구소 선임연구원인 캐시 허시-파섹 박사는 그들의 저서 《최고의 교육 Becoming Brilliant》에서 '21세기 역량을 위한 파트너십' 소속 스테판 터닙시드의 말을 이렇게 인용한다.

"2015년에는 지구상에 72억의 인구가 살고 있으며, 그중 40%가 250억 개의 디바이스를 통해 인터넷에 접속하고 있다. (중략) 2020년이 되면 인구는 115억 명이 될 것이며, 인구 중 50% 이상의 사람들이 500억 개의 디바이스들을 통해 연결될 것이다. (중략) 그런데 우리는 지금 아이들에게 앞으로 로봇이나 인공지능(AI)이 하게 될 일을 교육하고 있다. (중략) 전 세계에서 로봇이 인간들에게 무엇을 할 것인지 지시하게 될 것이다. 오직 창의적이고 협력적인 사람들만이 로봇이 할 수 있는 일을 뛰어넘는 성취를 이룰 수 있을 것이다."

또한 베스트셀러 작가 다니엘 핑크는 그의 책 《새로운 미래가 온다 A Whole New Mind》에서 이렇게 말한다.

"미래는 매우 다른 생각들을 가진 다른 종류의 사람들의 것이 될 것이다. 창조하고 공감할 수 있는 사람, 패턴을 인식하고 의미를 만들어 내는 사람들, 예술가, 발명가, 디자이너, 스토리텔러와 같은 사람들, 남을 돌보는 사람, 통합하는 사람, 큰 그림을 생각하는 사람들이 사회에서 최고의 부를 보상받을 것이고 가장 큰 기쁨을 누릴 것이다."

세상이 변하고 있다. 이제 단순한 지식을 암기하고, 1차원적인 수준의 사고를 하는 인간은 도태된다. 가난하게 살기 딱 좋은 인간 유형이다.

이제 교육은 '핵심적인' 정보를 찾아 통합할 수 있는 창의력을 길러 줄 수 있어야 한다. 그리고 정보를 바탕으로 본질을 꿰뚫는 통찰력을 길러 주는 것이 목표가 되어야 한다. 또한 상상력을 바탕으로 큰 그림을 그릴 수 있도록 해야 한다. 정보의 소비자가 아닌 생산자로 살 수 있도록 이끌어야 한다.

그런데 대학 입시가 절대 과제인 학교와 학원에서 이런 교육이 가능할까? 정권이 바뀔 때마다 교육개혁을 외치지만 어쨌든 대한민국 교육의 본질은 대학 입시다. '대학 입시의 성공이 사회에서의 성공'이라는 사회적인 인식과 구조가 변하지 않는 한 '교육만의 개혁'은 공허한 외침일 뿐이다.

그러면 어떻게 할 것인가? 부모가 정신 차려야 한다. 내 아이의 교육을 남에게 전적으로 의존하지 말아야 한다. 세상의 변화를 똑바로 보고, 우리를 둘러싼 모든 환경이 변해도 절대 변하지 않는 '인간의 문제'에 관심을 가져야 한다. 바로 인문학이다. 그것을 바탕으로 자신만의 교육 철학을 세워야 한다. 이것이 내가 이 책을 통해 꼭 말하고 싶은 것이다.

제대로 된 부모가 되기 위해서는 변해야 한다

칼 비테는 200년 전 독일 시골 목사다. 그가 지금 우리나라 시골의 가난한 목사라면 과연 아들을 영재로 만들 수 있을까? 그의 방법만을 그대로 적용하려고 해선 안 된다. 그의 교육철학을 배우고 방법론 중에서는 장점만 취하면 된다.

그는 아이를 '훌륭한 사람'으로 만들고 싶었다. 그래서 인성 교육을 포함해 전인적인 교육을 한 것이다. 방법은 그 목적을 달성하기 위해 끊임없이 연구하는 과정에서 나왔다. 요컨대 자녀 교육의 방법만을 찾으려고 하지 말고 의식을 바꿔야 한다는 말이다.

지금 내 아이가 영재가 아니라고 발을 동동 구를 필요 없다. 조기교육은 중요하지만, 시기를 좀 놓쳤다고 내 아이가 천재가 되지 말란 법은 없다. 오히려 어린 나이에 천재성을 발휘하다가 교만해지거나 인성이 파괴되어서 평범하다 못해 바보처럼 살아가는 경우도 많다.

지금 내 아이가 중학생, 고등학생이라고 늦었다고 생각하지 말자. 누구나 인문고전 독서를 통해 이 시대에 가장 필요한 능력을 키울 수 있다. 인문고전 독서가 쌓이면 인간에 대한 이해, 상상력, 통찰력, 사고력이 폭발한다.

천재는 인류에게 공헌하는 사람이다. 4장에서 예를 든 윌리엄 제임스 사이디스는 40여 개 국어를 했지만 그게 인류에 무슨 도움이 되었는가? 사람 사이에서 빛을 내지 못하면 아무리 재주가 뛰어나도 소용없다. 쓸모없는 사람이다.

또한 천재는 자신의 강점을 극대화하는 사람이다. 아이가 영어를 못한다고 닦달할 필요 없다. 내 아이가 정말 행복하게 잘할 수 있는 분야를 발견하고 그 능력을 최대한 개발해 주자. 그렇게 해서 성공하면 나중에 통역사를 데리고 다닐 수 있다. 잘하는 것에 집중하자.

"참으로 제대로 된 부모가 된다는 것은 우리가 이 세상에서 하는 어떤 일보다 중요할 수 있다." 마이크로소프트사의 창업자 빌 게이츠를 키워 낸 아버지 빌 게이츠 시니어의 말이다.

'제대로' 된 부모가 된다는 것은 부모라면 누구나 가져야 할 중요한 인생의 과제다. 하지만 '당신은 제대로 된 부모입니까?'라고 물었을 때 망설임 없이 '그렇다'라고 대답하기는 쉽지 않은 일이다.

　'그래. 부모가 변해야 한다는 건 알겠는데 어떻게 하란 말이야?'란 의문이 들 것이다. 뒤에서 차근차근 풀어 가 보자.

부모가 아이의 역할
모델이 되어야 한다

"우리의 말보다 우리의 사람됨이 아이에게 훨씬 더 많은 가르침을 준다.
따라서 우리는 우리 아이들에게 바라는 바로 그 모습이어야 한다."
- 조셉 칠턴 피어스(미국의 작가)

당신은 존경받는 부모인가?

'당신은 자식에게 존경받고 있는가?' 대부분의 부모가 이 질문을
받는다면 동공 지진이 일어날 것이다. 아니라고 하기에는 좀 부끄
럽고, 그렇다고 하기에는 자신이 없다. 왜 자신이 없을까?

어젯밤 아이에게 소리 질렀던 일, 아이 앞에서 부부 싸움했던 일
따위의 유쾌하지 않은 일상이 밀려와서 뜨끔해서 그럴지 모른다.
혹은 늦은 시각에 들어와 가방을 집어 던지듯 내려놓으며 "이놈의
회사 빨리 때려치워야지." 할 때 당신을 바라보던 아이의 불안한 눈
빛이 떠올라서일지도 모른다. 아니면 아이가 해 달라는 것을 돈이

없어 해 주지 못했던 비참한 기억에 가슴 한쪽 구석이 아려 와서일 수도 있다.

새끼 오리들은 태어나고 얼마 지나지 않아 자신을 보살펴 주는 엄마 오리를 졸졸 쫓아다닌다. 엄마가 왼쪽으로 가면 왼쪽으로, 오른쪽으로 가면 오른쪽으로 간다. 엄마가 헤엄치러 물에 몸을 담그면 겁 없이 함께 물에 뛰어든다.

아이들은 역할 모델을 필요로 한다. 역할 모델을 제시해 준다고 위인전 전집을 사다 주면 될까? 도움은 되겠지만, 불행히도 책 속의 위인들은 대부분 죽었다. 살아 있더라도 아이 옆에 없다. 곁에서 살아 숨 쉬고 일상을 함께하는 부모가 가장 좋은 역할 모델이 아닐까?

독일의 대문호 괴테는 칼 비테와 동시대를 살았던 천재였다. 괴테의 부모는 아들 교육에 열성적이었다. 아버지는 문학, 예술, 종교 등 주요 인문 분야에 개인 교사를 구해 아들의 교육을 시켰다. 어머니는 자기 전에 전래 동요를 불러 주었다. 그리고 이야기를 들려주면서 아이에게 결말을 상상하게 했다. 상상력을 길러 준 것이다.

이런 교육 환경 덕분인지 괴테는 여덟 살에 여섯 개 국어를 구사할 수 있었다. 그리고 열 살에 호메로스, 베르길리우스, 오비디우스 등 고대 그리스와 로마 작가들의 작품을 읽었다. 그리고 《젊은 베르테르의 슬픔》, 《파우스트》 등 불멸의 문학 작품을 남겼다.

하지만 괴테는 인성적으로 문제가 있었다. 그는 부모와 친척에게 지극히 무관심했다. 자신의 지적인 욕구를 채우기 위한 여행은 다녔다. 하지만 장성한 뒤 어머니를 거의 찾아가지 않았다. 심지어 괴테의 어머니는 죽기 전 11년 동안 아들을 보지 못했던 것으로 전해진다. 괴테는 '천재'이긴 했지만 '행복'했는지는 의문이다.

그런 모습을 보고 괴테의 아들은 어떻게 자랐을까? 괴테는 자신이 부모에게 교육받은 것처럼 아들의 교육에 열성적이었다. 하지만 아들의 수준은 기대에 한참 못 미쳤다. 마흔한 살이 되어서야 아버지의 뜻에 따라 이탈리아 여행을 떠났다.

괴테는 자신이 젊은 시절 이탈리아 여행을 통해 지적인 자극을 받아 문학적으로 다시 태어난 경험이 있었다. 아들도 그렇게 되기를 바랐던 것이다. 하지만 그의 아들은 알코올 중독을 벗어나지 못하고 귀국 중 숨을 거두었다. 기대와 달리 아무것도 못 이룬 별 볼 일 없는 인생이었다.

이렇게 된 이유는 무엇일까? 바로 아버지가 제대로 된 역할 모델이 되지 못했기 때문이다. 자기 삶에 사랑이 없는데 어떻게 자식의 삶이 온전하길 바라겠는가? 아무리 천재였던 괴테도 아들의 행복한 삶을 만들어 주지는 못했다. 그의 아들은 괴테의 명성에 주눅은 들었을지언정 아버지를 존경하지는 않았을 것이다.

힘들어도 좋은 부모가
되기 위한 노력을 게을리하지 말자

우리 아버지께서는 할아버지 생전에 전화로 자주 연락을 드리셨다. 할아버지께서는 시골에서 농사를 지으셨다. 평생 지게를 지고 다니셔서 척추가 다 눌려 편평하게 될 정도였다. 엑스레이를 찍어 보고 의사가 깜짝 놀랐다고 한다. 그런 척추 사진은 처음 본다고.

할아버지께서 사시던 집은 옛날 방식으로 지은 시골집이었다. 안방 앞에 작은 마루가 있었고 그사이를 막아 주는 문에는 달랑 한지 한 장이 전부였다. 아버지는 태풍이 오거나 비가 역수같이 쏟아지는 날이면 어김없이 할아버지께 전화를 드렸다. 바닷가에 살고 계신 부모님들이 걱정스러웠기 때문이었다. 할아버지는 그렇게 전화를 드리는 아버지에게 처음에는 '괜찮다, 괜찮다.' 하셨다. 그러다가 어디 장독이 깨졌거나 하는 일이 있으면 상황을 자세하게 말씀해 주시곤 했다. 아무래도 아들이 의지가 되셨을 것이다.

나는 그런 모습을 보면서 부모님 나이 드시면 종종 전화를 드려야겠다고 생각했다. 지금 생각해 보면 《명심보감》 펼쳐 놓고 효도하라고 잔소리하는 것보다야 백배 나은 산교육이었다.

대한민국에서 평범하게 아이를 키우는 부모의 상황은 녹록지 않다. 직장인이라면 첫 아이가 태어나는 시기에 회사에서 직위는 대리, 과장 정도다. 한창 일을 배우고 많이 해야 하는 시기다. 녹초가 되어 집에 오면 독박 육아로 독이 오른 배우자와 칭얼대는 아이가 기다리고 있다. 제2의 출근이다.

양가 부모님께서 건강하시고 주변에 살고 계시면 육아에 도움을 좀 받을 수도 있다. 하지만 그렇지 않은 경우 맞벌이는 아예 답이 없다. 부모 중 한 명이 회사에 '나는 육아 때문에 야근을 못한다.'라고 선언하기 전에는 어떻게 할 수가 없다. 어린이집도 하루 종일 아이를 봐주지는 못하기 때문이다. 외벌이라도 부모 중 육아를 담당하는 사람(대부분 엄마)은 독박 육아로 몸과 마음이 지친다.

아이가 어릴 때는 밤낮없이 운다. 자다가 깨는 경우도 많다. 부모는 '아이고 죽겠다.….'라는 말을 입에 달고 살 수밖에 없다. 제대로 못 자고 다음 날 아침 무거운 몸을 이끌고 집을 나선다. 회사에서는 분명히 퇴근 시간이 지났는데도 아침보다 할 일이 더 늘어나 있다.

몸이 힘든 것만이 문제가 아니다. 통장 잔고는 또 어떤가? 아이를 낳기 전에는 빠듯한 살림이지만 조금이나마 저축을 하기도 한다. 하지만, 출산 후에 지출은 '무엇을 상상하든 그 이상'이다. 아이의 권력 유모차, 안전을 위한 카시트 같은 물품은 저렴한 것을 선택하는 것이 쉽지 않다.

매달 들어가는 분윳값, 기저귓값도 만만치 않다. 예방접종은 왜 그리 비싼지…. 예상하지 못한 지출은 늘어만 간다. 매달 마이너스 인생이 시작된다. 회사 사정이 좋으면 연말 성과급으로 부족분을 대충 메울 수라도 있다. 하지만 상황이 여의찮으면 마이너스 통장을 늘릴 수밖에 없다.

이런 상황에서 부모는 불안하고 신경질적으로 되기 쉽다. 아이에게 좋은 모습만 보여주고 싶은데 막상 실천이 쉽지 않다. 작은 일에도 화가 나고 부부간에 다투는 일도 출산 전보다 늘어나기 십상이다.

'그럼에도 불구하고' 부모라면 좋은 부모가 되기 위해 노력해야만 한다. 부모가 하는 모든 말과 행동이 아이에게 기억되지는 않지만, 큰 충격을 준 기억은 아이들의 가슴 속에 영원히 새겨질 수도 있다.

곰곰이 생각해 보면 누구나 어린 시절 부모님에게 따뜻한 사랑을 받았던 좋은 추억이 몇 가지는 남아 있을 것이다. 반대로 좋지 않은 기억도 잊혀 지지 않는다. 지금까지 잘못한 것은 어쩔 수 없다. 이미 엎질러진 물을 어떻게 할 것인가? 앞으로 아이들에게 좋은 기억을 많이 만들어 주면 된다.

부모도 사람이니 완벽할 수 없다. 하지만 아이를 낳아 키우는 이상 완벽해지려고 노력해야 하지 않을까? 칼 비테는 아이를 완벽한 인간으로 키우기로 했다. 그리고 자기 스스로도 완벽해지려고 노력했다.

미국 작가 로버트 풀검은 이렇게 말했다.

"아이들이 말을 안 듣는다고 걱정하지 말고, 아이들이 항상 당신을 지켜보고 있다는 것을 걱정하라."

부모의 말과 행동은 더 이상 혼자만의 것이 아니다. 온 가족의 것이다. 아이가 항상 보고 있다는 사실을 잊지 말자. 말은 마음의 소리이고, 행동은 마음의 그림자다. 결국 말과 행동은 마음에서 비롯된 것이다.

부모의 마음을 바꾸면 말과 행동이 바뀐다. 지금 부모로서 자신의 모습이 만족스럽지 않다면 마음, 생각을 바꾸어야 한다. 이것이 좋은 부모가 되는 첫걸음이다. 아이의 역할 모델은 부모라는 점을 잊지 말아야 할 것이다.

아이는 부모의
거울이다

아이를 보면 부모를 알 수 있다

아빠와 엄마가 매일 서로 사랑한다고 말하고, 포옹하는 모습을 보여준다고 해보자. 그런 모습을 보고 자란 아이들의 마음은 사랑으로 가득 찬다. 정서가 안정되고, 따뜻한 시선으로 주변을 돌볼 줄 알게 된다.

반면에 부부 싸움이 잦은 집의 아이들은 웃을 때도 크게 웃지 못한다. 사람들의 눈치를 자주 보고 목소리에 자신감이 묻어나지 않는다. 어딘지 모르게 불안해 보이고 날카롭다.

부모가 하는 일에 스스로 만족하고 주변 사람들과도 관계가 좋다고 해보자. 아이들은 자신감이 넘치고, 소통하고 협력하는 데 어려움을 겪지 않는다. 하지만 부모가 불만에 가득 차 있고, 부정적인 말을 늘어놓는다면? 아이들의 어깨는 축 늘어지고 사람들과 어울리는 데도 어려움을 느낀다.

아이는 부모의 거울이다. 부모의 감정, 생각, 말과 행동을 그대로 비춰 준다. 아이를 보면 부모를 알 수 있다. 아이가 불만이 많고 독선적이면 부모가 독불장군이거나 고집이 셀 가능성이 높다. 아이가 자연을 보고 경탄하고 자주 웃고 뛰어다닌다면, 부모가 잘 웃고 행복한 사람들 일 것이다.

사랑하는 내 아이가 '이렇게 저렇게 되었으면 좋겠다.'하는 모습을 상상해 보자. 지금부터 부모가 그렇게 되면 된다. 아이가 책을 잘 읽길 바란다면 책 읽으라고 잔소리 하지 말고 부모가 책을 읽자. 아이가 주변 사람들에게 웃으며 인사 잘하길 바란다면 부모가 먼저 이웃들에게 웃으며 인사를 건네자.

칼 비테 주니어처럼 아이가 잠재력을 충분히 발휘하고 행복하게 살게 하려면 부모는 어떻게 해야 할까?

1. 부모가 먼저 행복해지자.

부모가 행복하지 않으면서 아이들더러 행복하게 지내라고 하는 것은 어불성설이다. '나는 네 행복을 위해서 이렇게 희생했다.'라고 아이에게 이야기한다고 생각해 보자. '아, 정말 고맙습니다. 덕분에 제가 정말 행복하네요.'라고 할까? 정말 착한 아이라면 그런 생각을 하고 눈물을 흘릴지도 모르겠다.

하지만 대부분은 '내가 그렇게 해 달라고 한 것도 아닌데…'라고 생각하지 않을까? 괜히 죄의식이 생기고 부담스러울 것이다. 부모가 자신의 행복을 져버리고 희생하는 것, 그러면서 어떤 보상을 바라는 것은 올바른 자식 사랑이 아니다. 부모가 온전히 행복해야 아이에게도 행복을 전해 줄 수 있다.

"행복의 가장 중요한 요건은 기꺼이 본래의 자기대로 사는 것이다." 네덜란드의 인문학자 에라스무스의 말이다.

'본래의 자기대로'라는 말은 내가 누구인지 깨닫고, 좋아하는 것을 하라는 것이다. 결국 세월이 백 년, 천 년 흘러도 변하지 않는 인간의 문제로 돌아온다. 본래의 자기를 알려면 나에 대한 성찰이 필요하다. 어떻게 하면 나를 마주할 수 있을까?

일기를 쓰거나 명상하거나 여행하는 것처럼 조용히 내면을 바라보는 시간을 가지면서 깨달음을 얻을 수도 있다. 하지만 나는 인문고전 독서를 통해 실마리를 얻을 것을 추천한다. 왜냐하면 그것이 좀 더 빠른 길이기 때문이다.

우리보다 먼저 살다 간 위대한 천재들이 이미 많이 고민했다. 인간이란 무엇인지, 삶이란 무엇인지, 어떻게 살아야 할 것인지…. 마르쿠스 아우렐리우스의 《명상록》에서, 공자의 《논어》에서, 혹은 칼릴 지브란의 시 한 구절에서 각자의 깨달음이 열릴 것이다.

2. 자주 웃고, 긍정적인 생각을 하자.

부모의 얼굴에 근심이 가득하다면 아이들의 얼굴이 밝을 수 있을까? 가족 간의 대화가 온통 부정적인 말로 가득 차 있다면 아이들의 생각도 부정적으로 될 수밖에 없을 것이다. 인생도 플러스 인생이 아니라 마이너스 인생이 된다.

우리 삶은 매 순간 생각하고 말하는 바대로 이루어진다. 부정적인 생각과 말을 하면 이상하게 일이 잘 풀리지 않는다. 하지만 매사를 긍정적으로 바라보고 좋은 말을 하면 우리의 삶에는 하나둘씩 기적 같은 일이 일어난다.

세상에 기적은 없다. 우리가 기적이라고 생각하는 사건이 있을 뿐이다. 사실 그 사건은 이미 우리가 마음과 말로 끌어당긴 것이다. 그 사실을 잊어버리고 있다가 눈앞에서 사건이 일어났을 때 기적이라고 이름 붙이는 것이다.

미국의 심리학자 윌리엄 제임스는 '우리는 행복하기 때문에 웃는 것이 아니고 웃기 때문에 행복하다.'라고 말했다.

논리적인 전개가 아니다. 거꾸로 간다. 논리적으로는 행복해야 웃는 것인데, 거꾸로 웃어서 행복해진다. 마찬가지로 상황이 좋아서 긍정적으로 생각하라는 것이 아니다. 긍정의 눈으로 바라보면 상황이 좋게 바뀔 수 있다.

이상주의자들은 긍정적이다. 가슴으로 세상을 산다. 그들은 모든 게 다 잘될 거로 생각한다. 항상 꿈꾸고 새로운 것을 추구한다. 실패해도 그 경험에서 배울 점을 찾아낸다. 넘어져도 툭툭 털고 다시 일어난다. '또 배웠네' 하면서.

반면에 현실주의자들은 분석적이다. 머리의 지배를 받는다. 그들은 안정적으로 현실을 유지하는 능력은 뛰어나다. 하지만 실패를 지나치게 두려워하고 위험을 회피하려고 한다.

이 사회에는 두 종류의 사람들이 모두 필요하다. 하지만 역사를 돌아보면 한 가지는 확실하다. '현실주의자는 항상 이상주의자에게 지배당한다.'라는 것이다.

3. 비범함과 탁월함을 추구하자.

'송충이는 솔잎을 먹고 살아야 한다.'라는 말이 있다. 내가 세상에서 제일 싫어하는 말이다. '송충이는 솔잎 밖에 먹지 못한다. 그러니까 다른 생각하지 말고 평생 솔잎이나 갉아 먹으며 분수에 맞게 살라'는 말이다. 나는 이 속담이 인간의 가능성, 잠재력을 부정하고 체념해 버리라는 말 같아서 들을 때마다 귀에 거슬린다.

내 분수는 내가 결정해야 한다. 남이 나를 '송충이'라고 정해 버리는 것에 저항해야 한다. 나는 마음먹기에 따라 나비도 될 수 있고, 황새도 될 수 있다.

그리고 송충이라고 해서 왜 꼭 솔잎만 먹어야 하나? 식성을 좀 바꾸면 안 될까? 시원한 배추도 좀 먹어보고, 건강에 좋다는 뽕잎도 좀 갉아 먹어보자.

때로 우리가 사용하는 말은 우리의 상상력과 가능성을 막아 버리는 역할을 할 수도 있다. 그럴수록 평범함이라는 한계에 갇히지 말고 비범함과 탁월함을 추구해야 한다.

천재는 온갖 어려움에도 불구하고 탁월함을 추구하는 정신에서 탄생한다. 우리는 인문고전 독서를 통해 천재들의 두뇌에 접속하는 경험을 할 수 있다. 정신의 탁월함을 체험할 수 있는 것이다. TV를 줄이고 인문고전을 손에 들자. TV는 적절히 활용하되 부모가 먼저 책을 펴서 독서 분위기를 유도하자.

아이를 키운다는 것은 부모가 스스로를 키우는 과정이다. 아이를 '제대로' 키운다는 것은 부모가 그간 한 번도 해보지 못한, 위대한 인물이 되어 가는 과정이다. '나는 그 정도 인물이 못돼.'하고 지레 겁먹지 말자.

누구라도 할 수 있다. 한 걸음씩이라도 어제보다 조금이라도 나은 부모가 되기 위해 노력하면 된다. 인문고전을 손에서 놓지 말자. 어느 순간 거인이 된 자신의 모습을 볼 수 있을 것이다.

나는 삶의 마지막 순간에 아이들이 내 손을 잡으며 이런 말을 해주었으면 좋겠다.

"아버지, 아버지께서 몸소 보여주신 가르침 덕분에 이렇게 바르게 자랐습니다. 너무 사랑합니다. 존경합니다."

상상만 해도 행복하다.

부모라면
칼 비테처럼

> "자식을 기르는 부모야말로 미래를 돌보는 사람이라는 것을
> 가슴속 깊이 새겨야 한다. 자식들이 조금씩 나아짐으로써
> 인류와 이 세계의 미래는 조금씩 진보하기 때문이다."
> - 임마누엘 칸트(독일의 철학자)

누구나 칼 비테처럼
교육할 수 있다

그 끝이 어디인지 알 수 없을 정도로 높고 파란 하늘이 보인다. 그 속에는 햇볕을 껴안아 여느 때보다 제 경계가 뚜렷한 구름이 새하얀 빛을 내며 솜사탕처럼 흩뿌려져 있다. 어느 맑은 가을하늘 아래, 나와 아버지는 탁 트인 바다 앞에 서 있다.

"저기 보이나? 이 끝에서부터 저 끝에까지가 다 바다다."

"네, 보여요. 하늘이랑 바다랑 붙었네요."

"봐봐라. 발밑이 평평해 보여도 우리가 사는 땅덩어리가 이렇게

둥그런 거다."

"와~ 진짜 둥그런 모양이네…."

내 고향은 바다에 접해 있었다. 그래서 매일매일 바다를 가까이에서 볼 수 있었다. 심지어 우리 집은 해수욕장에서 5분도 안 되는 거리에 있었다.

바다에 가까이 살긴 했지만, 수평선을 유심히 관찰하는 경우는 별로 없었다. 집에서 보이는 바다는 늘 건물에 가려져 있었기 때문이다. 마음먹고 바다에 나가보지 않으면 그 진면모를 알기 어렵다.

나는 초등학생 시절 가끔 아버지와 낚시하러 다녔다. 아버지는 바다에서 한 번씩 저쪽 수평선을 가리키면서 지구가 둥글다는 것을 보여주시곤 했다. 몇 번을 봐도 신기한 장면이었다. 분명히 내가 딛고 있는 땅은 반듯한데, 저 멀리 보이는 수평선은 휘어져 있었다. 어릴 적 보았던 그 장면이 아직도 잊혀 지지 않는다.

'백문불여일견(百聞不如一見)'이라는 말이 있다. 백 번 듣는 것이 한 번 보는 것만 못하다는 말이다. 책으로 지구가 둥글다고 수십 번 보는 것보다 직접 생생하게 그 모습을 보는 것이 훨씬 기억에 선명하게 남는다.

이렇게 자연에서 가르침을 전하는 것이 칼 비테의 교육법의 특징 중 하나다. 그렇게 특별한 것도 없다. 우리도 어릴 때 부모님이나 할아버지, 할머니에게 몇 가지 정도는 칼 비테의 방식과 비슷하게 교육 받아왔다. 다만, 그는 남들보다 조금 일찍 명확한 철학을 갖고 일관되게 실행했을 뿐이다.

부모라면 칼 비테처럼 명확한 신념으로 가르치자

칼 비테 교육법의 핵심적인 특징을 다시 한번 네 가지로 정리해 보자.

1. 항상 교육의 목적을 생각한다.

"나는 칼을 영재로 만들고 싶지 않아. 나는 칼의 신체와 정신을 성장시키고 선한 영혼을 지켜 주고 싶어."

교육은 왜 하는가? 칼 비테는 항상 교육의 목적을 염두에 두었다. 그는 자식이 세상에 필요한 참된 '사람'이 되길 바랐다. 인간이 이루어 놓은 수많은 지식과 예술 등을 경험하면서 깨달음의 기쁨을 느끼길 바랐다.

아들이 영재가 된 것이 그가 애초에 목표한 바는 아니었다. 아이에게 전인적인 교육을 하는 과정에서 자연스럽게 그런 결과가 나왔을 뿐이다.

당신은 지금 이 책을 왜 읽고 있는가? 당신 아이를 교육하는 목적은 무엇인가? 바로 답을 말할 수 없다면 고민의 시간을 가져 보자. 설마 그 답이 '전교 1등'이나 '대기업 취직'은 아니길 바란다.

나는 내 아이들이 다양한 경험을 하고, 스스로 '사고'하면서 행복하게 살아가길 바란다. 경험에는 지적인 탐구, 책 쓰기, 대자연에 대한 감탄, 예술과 인생 하나 되기와 같은 것들이 포함된다. 그리고 스스로 '사고'할 수 있도록 하기 위해 인문고전 독서를 함께 하고 있다. 무엇보다 행복할 수 있도록 사랑을 느낄 수 있게 해준다.

부모들이 교육의 최종 '목적'을 생각한다면 더 이상 학교 성적이나 선행 학습에 연연하지 않을 것이다. 갈매기 조나단처럼 높이 나는 새의 멀리 보는 비전을 심어 줄 것이다.

2. 아이의 교육을 위해 끊임없이 고민하고 노력한다.

"아버지는 일기 외에도, 나의 각 성장 단계에 따른 학습 상황을 기록한 노트가 따로 있었다. 아버지는 그 노트만 봐도 나의 자라 온 과정을 한눈에 이해할 수 있다고 말했다. 후에 나는 그 노트를 보게 되었다. 그것은 내게 무한한 감동과 유용한 정보를 동시에 주었다."

칼 비테 주니어는 자신이 아이를 키우는 입장이 되면서 아버지의 노트를 보고 많은 감동을 하였다. 칼 비테는 그전에는 자신의 노트를 아이에게 보여주지 않았던 모양이다. 역시 사려 깊은 아버지의 모습이다.

아이를 위해 당장 학습 노트를 쓰라는 것이 아니다. 그 노트를 쓰면서 칼 비테가 얼마나 고민했을지를 생각해 보자는 것이다. 나이 60이 다 된 아빠가 아이의 취침 시간, 공부한 시간 등을 일일이 기록했다.

아이에게 무언가를 가르치고 싶은데 아직 호기심을 갖지 않으면 어떻게 할지 곰곰이 생각하고 아이디어를 기록한다. 그런 아이디어를 실행해 봐도 아이가 별다른 반응이 없으면 또 다른 방법을 연구한다. 이런 태도가 중요한 것이다.

내 아이에게 맞는 교육 방법을 찾자. 칼 비테 주니어에 맞는 방법이었다고 하더라도 내 아이에게는 효과가 없을 수 있다. 물론 보편적으로 적용할 만한 좋은 방법은 있다. 하지만 그것이 잘 맞지 않는다면 아이의 특성을 가장 잘 알고 있는 부모가 방법을 찾아야 한다.

3. 호기심을 이끌어 내기 위해 최선을 다한다.

칼 비테는 절대로 아이에게 공부를 강요하지 않았다. 아이가 호기심을 갖고 알고 싶어서 안달하기 전까지는 책을 주지 않았다. 역지사지로 생각해 보자. 별 관심도 없고 하기 싫은 공부를 하라고 강요하면 하고 싶겠는가?

또한 동기부여를 위해 세심한 노력을 기울였다. 아이가 호기심을 갖지 않는 분야는 그것을 왜 공부해야 하는지 진지하게 설명했다. 인생의 교훈으로 꼭 전해 주고 싶은 것은 칼 비테 자신이 눈물을 글썽이며 말하기도 했다.

사람은 감동을 받으면 스스로 움직인다. 마음이 동해야 몸을 움직이는 게 사람이다. 아이 마음을 얻지 않고, 해야 할 과제만 점검한다면 마음의 문은 점점 더 닫히게 될 것이다.

"우리는 부모로서 칼에게 그저 용기를 북돋우고 동기를 부여하고 칭찬하고 보상을 해주었다. 나머지는 칼이 스스로 했다."

4. 아이를 위한 자신만의 커리큘럼을 만든다.

아이 교육을 위해 칼 비테 자신이 엄청나게 공부했다. 출산 전부터 인문고전 독서를 해 왔다. 특히 자녀 교육을 위한 고전은 더 신경써서 읽고 자신만의 교육 철학을 정립했다.

칼 비테는 교육 시키는 과정에서도 수준에 맞게 읽어야 할 책을 엄선했다. 아이에게 당장 필요 없어 보이는 공부는 주변 사람들이 권유해도 시키지 않았다. 하지만 꼭 필요하다고 판단되는 것은 무슨 일이 있어도 아이의 호기심을 자극해 공부할 수 있게 했다.

"내 기본 원칙이 첫째, 칼이 배우고 싶어 해야 하고 둘째, 칼에게 가장 필요한 것을 가르쳐야 하고 셋째, 가장 이해하기 쉽게 가르쳐야 한다는 것이다."

　다시 한번 강조한다. 중요한 것은 칼 비테가 어떤 '방법'으로 교육했느냐가 아니라 어떤 '철학'을 바탕으로 일관성을 유지했는가 하는 것이다. 부모가 철학이 없으면 주변의 말에 흔들린다. 이리 휘둘리고 저리 휘둘리는 부모 밑에서 아이들은 헷갈릴 것이다.

　부모라면 칼 비테처럼 명확한 신념으로 아이와 함께 성장해 나가자.

부모는 아이의
라이프 코치

"가장 중요한 교육 방법은 항상 아이가
행동하게 격려하는 것이다."
- 알버트 아인슈타인(독일의 물리학자)

사람의 마음을 얻기는 쉽지 않다

2007년 1월, 나는 공군 헌병 장교로 임관했다. 대부분의 공군 장교는 직장인처럼 생활한다. 아침에 사무실에 출근해서 업무를 수행하고, 일과가 종료되면 퇴근하면 된다. 퇴근 후에는 영내에 있는 개인 숙소에서 쉬어도 되고, 외출하고 와도 된다.

헌병 장교는 조금 달랐다. 처음 자대에 배치받으면 소대장 역할을 수행해야 한다. 그러기 위해서 한 달 정도는 '영내 대기' 기간을 두었다. 소대장은 그 기간에 소대원들과 함께 내무실에서 생활해야 했다.

그렇게 한 것은 앞으로 관리하게 될 소대의 병사들과 함께 생활하면서 개개인의 특성을 파악하게 하려는 의도에서였다. 그리고 내무실의 생활이 어떤 것인지도 알 수 있는 기회였다. 지금도 그렇게 운영하고 있는지는 모르지만, 당시 헌병 장교들에게는 일종의 통과의례였다.

나는 처음에는 경비 소대장을 하다가 나중에 전투 장갑차 소대장으로 보직을 이동했다. 전투 장갑차 소대는 2개로 나뉘어져 있었는데 인원이 대략 40명 정도 되었다. 일정 시간 동안 두 개 소대를 번갈아 이동하면서 근무했다.

소대원들과 나는 보통 나이가 7~8살 정도 차이가 났다. 난 소대원들이 어린 동생 같았다. 그들이 되도록 군 생활 동안 좋은 기억을 가져갈 수 있도록 노력했다. 소대원들과 자주 면담하면서 특징을 파악하고, 어려운 점은 도와주려고 했다.

지금이야 인스타그램이나 페이스북이 대세지만, 당시에는 대부분의 소대원이 싸이월드를 하고 있었다. 나는 모든 소대원과 일 촌을 맺고 수시로 인터넷에 접속해서 특이 사항이 없는지 확인했다. 관리라고 하면 관리인데 개인적인 관심이 더 많았다.

특히 그 나이에는 여자 친구와 만나고 헤어지고 하는 것이 중요한 문제였다. 그런 변화는 주변 소대원들을 통해서 최대한 빨리 파악하고 조언도 해주고, 많은 이야기를 나누었다. 시간이 흐르면서 대부분의 소대원이 큰 부담 없이 나에게 개인적인 고민을 터놓고 이야기한다는 것을 느꼈다.

한번은 이런 일이 있었다. 새벽에 한 소대원이 병원에 급한 검사를 받고 싶다고 했다. 피부가 엄지손톱 크기로 부풀어 올랐다. 어떻게 보면 큰 문제는 아니니 다음 휴가까지 기다리라고 할 수도 있었다. 아니면 오전 대대 회의 끝나기를 기다려 중대장 별도 보고 후 당일 휴가 등으로 처리하는 방법도 있었다.

그런데 그 소대원은 평소에 좀 관심을 두고 지켜보던 친구였다. 나는 되도록 빨리 검사를 받게 하고 심리적으로 안정을 취하는 것이 좋겠다는 판단이 들었다. 정상적인 절차대로라면 시간이 늘어질 것 같았다.

아니나 다를까 그 친구는 걱정이 너무 심해 잠을 이루지 못하고 있었다. 나는 새벽에 약식으로 보고하고 소대장 책임하에 내 차에 태워서 해운대에 있는 병원까지 데려다주고 검사를 받게 했다. 검사 결과 별일이 아니어서 다행이었다.

나는 소대원들의 어려움이 있을 때 기댈 수 있는 형과 같은 존재가 되어 주고 싶었다.

한번은 소대원들과 이야기하다가 '농구를 하고 싶은데 소대에 농구대가 없다'라는 이야기를 들었다. 어지간한 소대 앞에는 다 있었는데 전투 장갑차 소대 2개 중 하나에는 농구 골대가 없었다.

마침 후배가 소대장으로 있는 방공포 소대에 농구대가 2개 있었다. 방공포 소대 인원은 5~6명 정도였다. 나는 그 농구대 중 하나를 뽑아서 우리 소대 앞에 꽂기로 마음을 먹었다. 그리고 바로 실행했다. 중대장, 대대장에게 보고하고 후배에게 협조를 구했다. 그리고 시설 대대에도 지원을 요청했다. 며칠 뒤에 우리 소대에 농구대가 생겼고, 소대원들의 나에 대한 신뢰는 더욱 높아졌다.

나는 이렇게 내 군 생활을 통해서 소대원들과 잘 소통하고 그들의 마음을 충분히 얻었다고 생각했다. 그런데 예상하지 못한 일이 일어났다. 내가 관리하는 소대에서 구타 사건이 일어난 것이다. 처음에는 내 귀를 의심했다. '그럴 리가 없어. 그럴 만한 친구도 없고, 만약 그런 일이 있었다고 해도 누구든지 나에게 먼저 이야기했을 텐데…'

확인해 보니 일병들 중에 상당히 조용한 성격이었던 소대원이 문제를 일으켰다. 평소에 그럴 만한 친구로는 도저히 상상할 수 없었던 친구였다. 다행히 심각한 수준의 문제는 아니라 크게 확대되지 않고 해결되었지만, 나는 충격이 컸다.

나는 이 일로 몇 가지 교훈을 얻었다. '사람 속은 완전히 알기 어렵다.', '내가 누군가의 마음을 얻었다고 하는 것은 자만이기 쉽다'는 것이다. 결과적으로 나는 모든 소대원의 마음을 얻지는 못했다. 그 결과 소대 내에서 어떤 문제가 생겼을 때 당사자나 목격자들이 나에게 바로 달려오지 않았다. 나에 대한 믿음이 부족했던 것이다.

부모라면 내 아이의
라이프 코치가 되자

때로는 부모와 자식 관계도 완전한 믿음의 관계가 아닐 수도 있다. 아이가 어떤 고민이 있으면 가장 먼저 부모와 이야기하고 조언을 구하는 모습을 보는 것이 쉽지 않은 것 같다. 나를 돌아보아도 그렇다. 언젠가부터 고민이 있을 때 부모님과 상의하기보다는 혼자 고민하고 끙끙 앓는 경우가 더 많았다.

칼 비테는 아들의 라이프 코치(Life coach)였다. 어릴 때 아이의 공부 습관을 잡아 줘서 그렇다는 것이 아니다. 그는 아들 삶의 중요한 순간을 항상 함께했다. 칼 비테 주니어가 부모 품을 떠나 대학에서 공부하고, 이후 교수 생활을 할 때, 그리고 자식을 낳아 키울 때…… 아들은 고민이 있을 때 먼저 아버지의 의견을 구했고, 아버지는 진실한 조언자로 든든하게 서 있었다.

칼 비테 주니어에게도 16살에 첫사랑이 찾아왔다. 칼 비테는 아들의 감정을 존중해 주었다. '공부하기도 바쁜 시기에 그게 무슨 소리니?'와 같은 잔소리를 늘어놓지 않았다. 대신 몇 가지 질문을 던졌다. 아들이 사랑의 의미에 대해 생각해 보게 하려는 의도였다.

"넌 사랑이 뭐라고 생각하니?"

"넌 그 여자애를 평생 행복하게 해주겠다고 확신할 수 있니?"

"그럼 넌 평생 한 사람만 사랑하겠다고 맹세할 수 있니?"

쉽게 대답하기 힘든 질문이다.

"네가 선뜻 대답할 수 없었던 건 현재 내 감정에 조금의 거짓도 없기 때문이야. 진지하게 생각하는 네 모습이 난 더 기쁘구나. 누군가를 사랑한다는 건 그 사람을 책임지는 일이란다."

이런 조언을 듣고 칼 비테 주니어는 감정을 잠시 접고 학업에 전념하기로 했다. 스스로 판단해서 결정한 것이다. 물론 다르게 결정했더라도 칼 비테는 아이를 믿고 지켜봤을 것이다.

라이프 코치로서 부모의 덕목은 무엇일까? 몇 가지를 꼭 기억하자.

첫째, 아이와 나는 동일한 인격체라는 것을 잊지 말자.

가르치려고 하면 안 된다. 속으로는 아이의 의견을 무시하면서 경청하는 '척'하면 아이가 다 안다. 진심으로 함께 고민을 나누고 방법을 찾으려는 마음을 갖자. 말과 마음이 다르면 부모는 아이에게 신뢰를 잃는다. 아이는 마음의 문을 닫는다.

둘째, 세심하게 배려하자.

하나하나 세심하게 배려해야 한다. 고민을 듣자마자 아이를 옆에 두고 배우자에게 바로 전화해서 미주알고주알 이야기한다고 생각해 보자. 아이는 다음에는 절대 고민을 말하지 않을 것이다. 세심한 배려가 필요하다.

셋째, 답은 스스로 찾게 하자.

아이가 부모가 원하는 결론과는 다른 선택을 할 수도 있다. 하지만 중요한 것은 조언자는 결정을 내리면 안 된다는 것이다. 스스로 생각을 할 수 있도록 해주고, 결정도 아이가 내리도록 지켜봐 줘야 한다. 그리고 아이가 100% 책임을 지게 해야 한다. 아이가 결정을 내렸는데도 부모가 원하는 방향으로 계속 설득한다면 아이가 다시 부모의 코칭을 받기를 원하지 않을 것이다.

아이의 인생에 조언을 주면서 부모도 함께 성장한다. 부모는 아이의 라이프 코치가 되어야 한다. 하지만, 가르치려고 하지 말자. 아이가 스스로 생각하고 책임지게 하자. 아이가 미처 생각하지 못하는 원칙을 알려주자. 그것만으로도 부모의 역할은 충분하다.

천재는 후천적인 교육으로 만들어 진다

"훌륭한 아이도 나쁜 환경에서
자라면 금세 어린 야수가 되고 만다."
- 안톤 마카렌코(러시아의 교육자)

사랑으로 지속되는
교육의 힘은 위대하다

천재는 타고나는 것일까? 프랑스 철학자 루소는 그렇게 생각했다. 루소는 그의 저서 〈에밀〉에서 같은 엄마에게서 태어나 똑같은 훈련을 받은 강아지들이라도 그 교육의 결과는 다르다고 했다. 그 이유는 강아지들이 타고난 재질이 다르기 때문이라는 것이다. 즉, 자질은 타고나는 것이고, 후천적인 교육으로 변화시킬 수 없다는 것이다.

그런 생각에서인지 그는 23년간 연인으로 지내다 결혼한 테레

즈 르 바쇠르와의 사이에서 낳은 다섯 명의 아이를 모두 보육원에 맡겼다. 타고난 자질이 뛰어나다면 자신이 양육하든지 보육원에서 기르든지 결과는 같다고 생각한 모양이다.

칼 비테는 다르게 생각했다. 그는 타고난 자질이 아무리 뛰어나다고 하더라도 교육을 제대로 받지 못하면 능력을 충분히 개발할 수 없다고 생각했다. 반대로, 천성적인 재능이 보통 이하라도 후천적인 교육을 통해 뛰어난 능력을 갖춘 사람으로 키워 낼 수 있다고 보았다.

그는 이런 자신의 생각을 증명해 보였다. 교육을 통해서 저능아로 태어난 아들을 최고의 천재로 키워 냈다.

좋은 유전자를 가진 씨앗이 어두운 뒷골목 보도블록 사이에 떨어졌다고 가정해 보자. 겨우 싹은 틔울 수 있을지도 모른다. 하지만 따뜻한 햇볕과 충분한 수분이 공급되지 않는 상황이 지속된다면 어떨까? 방치되는 시간이 길어질수록 비실거리다가 말라 죽어 버릴 가능성이 커진다. 척박한 환경에서는 튼튼한 나무로 자라기 어려울 것이다.

반면에 보통 수준의 유전자를 가진 씨앗이라도 빛과 물이 풍부한 환경에서 자란다고 해보자. 누군가가 돌봐 주면서 온도, 습도, 채

광을 적절하게 조절해 준다면 어떨까? 훌륭한 목재가 될 수 있는 나무로 자랄 수 있다.

　"누군가 다가오고 있었다. 어머니일 거로 생각하며 손을 뻗쳤다. 누군가 내 손을 잡았다. 그러더니 나를 끌어당겨 양팔로 꼭 감싸 안았다. 그녀는 온갖 사물을 내 앞에 드러내 보이려고 한 사람, 사물의 비밀을 알려줄 뿐만 아니라 내게 사랑을 주려고 예까지 찾아온 사람이었다."

　헬렌 켈러는 자신의 저서 《내가 살아온 이야기》에서 8살에 평생의 은인 앤 설리번 선생님과의 첫 만남을 이렇게 묘사했다.

　헬렌은 생후 19개월에 병으로 죽음의 위기를 맞았다. 겨우 목숨은 건졌지만, 그녀는 듣지도 보지도 못하는 운명을 감내하고 살아가야 하는 처지가 되었다. 다행히 그녀의 부모는 부유한 편이었다. 그들은 딸을 위해 가정교사를 찾았다. 그리고 장애인 학교인 퍼킨스 학교를 수석으로 졸업한 시각 장애인 선생님 앤 설리번과 인연을 맺게 된다.

　부잣집 응석받이답게 헬렌은 어릴 때 버릇이 없었다. 앤이 헬렌에게 맞아 앞니가 부러지기도 했을 정도였다. 하지만 앤은 인내심으로 헬렌에게 수화를 가르쳤다. 헬렌은 Water라는 단어를 시작으로 언어를 익히기 시작했다. 앤이 차가운 물이 흘러나오는 펌프에 헬렌의 손을 가져다 대고 다른 한 손에 'Water'라는 단어를 써 준 것이다. 그 순간이 기적의 시작이었다.

앤의 헌신적인 노력으로 헬렌은 25살이 되는 1904년, 래드클리프 대학을 졸업했다. 대학 시절에 앤은 헬렌 옆에서 모든 수업 내용을 헬렌의 손에 써 주었다. 헬렌은 평생을, 장애인들을 위해 일했다. 수많은 책을 내고 여성 인권 운동가, 사회주의자 등으로도 활약했다.

헬렌에게 앤은 부모와 같았다. 그녀는 이렇게 말했다.

"어떤 기적이 일어나 내가 사흘 동안 볼 수 있게 된다면 먼저, 어린 시절 내게 다가와 바깥세상을 활짝 열어 보여주신 사랑하는 앤 설리번 선생님의 얼굴을 오랫동안 바라보고 싶습니다. (중략) 나 같은 사람을 가르치는 참으로 어려운 일을 부드러운 동정심과 인내심으로 극복해 낸 생생한 증거를 찾아낼 겁니다."

몸이 불편한 아이를 가르친다는 건 얼마나 힘들까? 정상적인 아이들도 책상 앞에 앉혀 놓고 읽고 쓰는 것을 가르치는 게 쉽지 않다. 보지 못하고 듣지도 못하는 아이를 가르친다는 것은 상상할 수 없을 정도로 어려운 일이었을 것이다.

8살에 겨우 'Water'를 알게 된 괴팍한 꼬마 아이를 대학 교육까지 마칠 수 있게 해준 힘은 무엇일까? 앤은 헬렌의 가능성을 믿었다.

교육의 힘을 믿었다. 그리고 무엇보다 사랑으로 끝까지 제자를 지켜 주었다.

헬렌의 부모는 딸이 유명해진 뒤로는 후원금을 가로채고 헬렌과 앤을 돌보아 주지 않았다. 앤은 거의 10년 치 월급을 받지 못했을 정도였다. 그럼에도 불구하고 앤은 헬렌을 지켜 주었다. 한 사람의 인생을 변화시키겠다는 신념의 힘으로.

헬렌 켈러라는 씨앗은 앤 설리번이라는 좋은 환경을 만났다. 그 결과 자신의 잠재력을 깨울 수 있었다. 설리번 선생님을 만나지 못했더라면 성질 더러운 부잣집 장애인으로 살다 갔을지도 모르는 인생이었다.

세상에 별다른 영향력을 미치지 못하고 마칠 뻔한 인생이 화려하게 꽃을 피웠다. 그 모든 것은 교육으로 제자를 변화시킬 수 있다는 신념의 화신 앤 설리반이 있었기 때문이다.

교육은 한 사람의 인생을 변화시키는 일이다

"변화는 모든 배움의 마지막 결과이다."

미국의 교육학자 레오 버스카글리아의 말이다. 교육의 목적은 단순한 지식 습득이 아니다. 교육의 목적은 변화에 있다.

무엇의 변화인가? 먼저 관점의 변화다. 나는 누구인지, 인간이란 무엇인지, 어떻게 살아야 하는지 등. 그리고 관점이 바뀌면 생각이 바뀐다. 생각이 바뀌면 말과 행동이 바뀐다. 말과 행동이 바뀌면 결과적으로 인생이 바뀐다.

결국 교육은 한 사람의 인생을 변화시키는 일이다. 아이가 어떤 교육을 받느냐에 따라서 아이의 인생 방향이 결정된다. 이 세상에 태어난 목적을 찾고 멋지게 살아가느냐, 그렇지 못하느냐가 갈린다.

칼 비테 주니어가 자신의 아버지와 같은 사람을 만나지 못했다고 생각해 보자. 나폴레옹의 위협으로 패망의 기운이 만연해 있던 독일 시골 로하우에서 태어난 저능아. 다른 아이들처럼 조금 자라면 부모의 잔심부름이나 하며 세월을 보냈을 것이다. 그리고 그 시대 다른 아이들처럼 강압적인 방식으로 암기 교육을 받다가 공부에 흥미를 잃었을 것이다. 저능아라는 손가락질에 자존감은 바닥이었을 것이고, 결국 그저 그런 인생을 살고 말았을 것이다.

헬렌 켈러가 앤 설리번을 만나지 못했다고 가정해 보자. 앤 대신 돈 몇 푼 벌어 보려는 생각을 가진 가정교사가 왔다면 어땠을까. 어차피 보지도, 듣지도 못하는 아이였다. 적당히 시간 죽이면서 버티다가 아이에게 앞니가 부러지는 날 그만두었을 것이다. 어지간히 버텼다고 하더라도 헬렌의 부모가 월급을 주지 않았을 때 바로 도망가 버렸을 가능성이 높다.

칼 비테는 자녀 교육에 모든 것을 걸었다. 자식 농사를 잘 지어서 거기서 무슨 이득을 보려고 그런 것이 아니다. 부모로서 자신이 할 수 있는 일을, 최선을 다해서 하려고 한 것이다.

타고난 자질은 사람의 힘으로 어떻게 할 수가 없다. 미래에 유전공학이 발달해서 태어나기 전부터 뛰어난 자질을 선택할 수 있게 하지 않는 한 선천적인 재능은 부모의 힘으로 바꿀 수 없다. 부모가 할 수 있는 것은 후천적인 교육을 통해 아이에게 타고난 천재성을 발휘할 기회를 주는 것이다. 어떤 인생을 살아갈 것인지는 아이가 살아가면서 스스로 풀어야 할 과제다.

교육은 힘이 세다. 교육하는 사람의 신념에 따라 아이의 운명을 바꿀 수 있다. 조금 늦었더라도 좌절하지 말자. 교육의 시기나 방법보다는 부모의 의식이 너 중요하다. 교육의 위대한 힘을 믿고, 신념을 갖고 아이를 이끌어 주자. 행복한 천재는 후천적인 교육으로 만들어지는 것이다.

아이는 부모의
생각대로 자란다

"문제 아동이란 절대 없다.
있는 것은 문제 있는 부모뿐이다."
- 알렉산더 닐(영국의 교육자)

아이의 호기심을 자극하면
어려운 고전도 스스로 읽는다

"아빠, 이건 헤파이스토스가 만든 아킬레우스의 방패야. 그런데 프리아모스가 하데스한테 부탁해서 헥토르가 다시 살아났어. 헥토르가 복수하려고 헤파이스토스한테 창을 만들어 달라고 해서 만든 게 이 창이야."

"그러면 헥토르의 창이 아킬레우스의 방패를 뚫을 수 있는 거야?"

"몰라 그건 해봐야 해. 둘 다 헤파이스토스가 만든 거라서 제일 세."

"그런 걸 모순이라고 하는 거야."

"모순? 그게 뭔데?"

"그게 뭐냐면…."

아들이 8살 때 아들과 내가 레고를 갖고 놀면서 했던 대화다. 평범하지는 않다. 한 번쯤은 들어 본 적이 있는 인물들이 등장한다. 그런데 당최 무슨 말인지 알아듣기가 쉽지만은 않을 수도 있다.

4장에서 소개한 바와 같이 호메로스의 《일리아스》에는 아킬레우스와 헥토르의 전투 장면이 나온다. 결국 헥토르가 패배하는데 그 이유는 아킬레우스의 절대적으로 강한 전투력과 무기에 있었다. 아킬레우스의 방패는 그의 어머니인 바다의 여신 테티스가 대장장이 신 헤파이스토스에게 부탁해서 만든 것이다.

프리아모스는 헥토르의 아버지이자 트로이의 왕이다. 그가 아킬레우스를 찾아가 많은 재물을 바치며 아들의 시신을 찾아온다는 내용이 《일리아스》에 그려져 있다. 하데스는 제우스의 동생으로 저승을 지배하는 신이다.

아들이 이 내용을 좀 바꾸었다. 죽었던 헥토르를 되살렸다. 프리아모스가 하데스에게 부탁해서 살아났다는 설정이다. 그리고 살아난 헥토르가 자신의 시신을 욕보였던 아킬레우스에게 복수하기 위해 헤파이스토스에게서 창을 만들어 달라고 했다는 것이다.

나는 아들의 설정을 듣고 《한비자》에 나오는 모순(矛盾)의 고사가 생각나서 그것을 설명하려고 한 것이다. '모순'의 고사는 이렇다. 초나라의 상인이 '이 창은 어떤 방패라도 꿰뚫을 수가 있다. 그리고 이 방패는 어떤 창으로도 꿰뚫지 못한다.'라고 자랑했다. 어떤 사람이 '그 창으로 자네 방패를 뚫으면 어떻게 되는가?' 하니 아무 말도 못 했다는 것이다.

나는 아들이 유치원 다닐 때까지는 아이들을 위해 나온 그림책으로 그리스 로마 신화에 대해 흥미를 느낄 수 있게 했다. 시중에 재미있게 잘 읽히는 책이 많다. 아이는 꽤 잘 따라와 주었다. 주말에 혼자 일어나서 그리스 로마 신화 책을 읽는 경우도 많았다.

초등학교 입학한 후에는 원전을 번역한 두꺼운 고전을 읽히고 싶었다. 처음부터 끝까지 다 읽기보다는 재미있는 특정 부분이라도 읽었으면 하는 바람이었다. 먼저 목표로 삼은 고전은 《일리아스》다. 트로이 전쟁에 관한 이야기이고, 아킬레우스 같은 영웅이 등장해서 남자아이가 좋아할 것으로 생각한 것이다. 나는 호기심을 유발할 수 있도록 작전을 짰다.

◆ 《일리아스》를 읽히기 위한 호기심 자극 작전

1. 기존에 읽던 어린이용 그리스/로마 신화 책에서 아킬레우스
   와 관련된 부분을 일부러 자주 읽어준다.

2. 산책할 때 아킬레우스와 헥토르의 전투 이야기를 들려준다.
   여기서 핵심은 자세히 가르쳐 주지 않는 것이다. "집에 가면
   아빠 책상에 《일리아스》가 있는데 거기 보면 나와 있어."하고
   계속 책을 보도록 유도한다.

3. 차를 타고 가면서 유튜브로 인문고전 강의를 틀어 둔다. 내용
   은 당연히 《일리아스》와 관련된 것이다.

4. 잠깐 호기심이 생겼다가도 잊어버릴 수 있다. 내가 거실에서
   《일리아스》를 줄을 쳐가며 읽는다.

5. "아빠 《일리아스》 읽어줘. 헥토르랑 아킬레우스 싸우는 장면"
   이라고 아이 스스로 말할 때까지 1~4를 반복한다.

며칠 만에 아들이 《일리아스》를 읽어 달라고 했다. 나는 아킬레
우스와 헥토르가 싸우는 장면을 읽어주었다. 아직은 용어가 어려운
것이 많아서 설명이 좀 필요했다. 그래서 배경을 재미있게 설명해
주면서 읽었다.

지구본을 보여주면서 그리스와 트로이의 위치도 가르쳐 주었
다. 아들은 스펀지처럼 내용을 빨아들였다. 지금은 혼자서도 조금

씩 읽고 있다. 이제는 상상력을 발휘해서 스스로 이야기를 만들어 내기도 한다.

주변 사람들은 초등학교 1학년 아이가 『일리아스』를 읽는다고 하면 놀라워했다. 하지만 별로 놀랄 일은 아니다. 내가 고전을 읽혀야겠다고 생각한 대로 아들이 끌려온 것이다. 나는 호기심을 자극하는 방법을 계속 연구하고 이런저런 방식을 적용했을 뿐이다.

《인간관계론》으로 유명한 미국의 작가 데일 카네기는 이렇게 말했다. "사람을 움직이는 최선의 방법은 먼저 상대방의 마음속에 강한 욕구를 불러일으키는 것이다. 그러므로 상대방의 욕구를 불러일으키는 사람은 많은 이의 지지를 얻는 데 성공할 것이며, 그렇지 못한 사람은 한 사람의 지지자도 얻지 못할 것이다."

아이들의 교육과 관련해서는 '욕구'를 '호기심'으로 바꿔도 좋을 것이다. 아이가 스스로 공부하게 하려면 아이의 호기심을 자극하는 데 수단과 방법을 가리지 말아야 한다. 오직 호기심으로 공부를 시작하게 하라. 윽박질러서 시작하는 공부는 오래가지 못한다. 자발적으로 공부하지 않으면 자리에 앉아만 있고 생각이 다른 곳에 가 있기 마련이다.

외적인 동기로 강제적으로 학습하는 것은 결국 도움이 되지 않는다. 오직 내적인 동기로만 강제적으로 학습해야 한다. 무슨 말인가 하면, 스스로 필요에 의해서 '내가 원하는 것을 얻기 위해서는 힘들어도 이걸 공부해야겠다.'라고 결심하고 자신을 채찍질하면서 공부하는 것이 좋다는 것이다.

부모를 비롯한 다른 사람이 억지로 공부시키면 아이와 공부를 멀어지게만 할 뿐이다. 깨달음의 기쁨, 지식이 축적되는 기쁨을 얻을 수 없게 된다. 부모는 어떤 공부를 했을 때 얻을 수 있는 것이 무엇인지, 욕구와 호기심을 자극해 주면 된다.

사랑과 믿음은 아이에게 가장 강력한 동기부여다

호기심 말고 또 다른 강력한 동기부여의 방식이 있다. 바로 '사랑과 믿음'이다. 러시아의 심리학자 비고스키는 이렇게 말했다.

"부모의 관심과 사랑은 아이의 마음에 지워지지 않는 인상을 남긴다."

에디슨과 아인슈타인의 어머니는 어떤 공통점을 가지고 있을까?

1. 아이가 학교에서 우수한 성적을 받지 못했다.

2. 선생님들이 아이를 제대로 가르치는 것을 포기했다.

3. 아이에게 '너는 특별하다'라고 자주 이야기 해주었다.

4. 아이가 큰일을 해 낼 것이란 것을 의심하지 않았다.

아이는 부모의 믿음만큼 자랄 수 있다. 부모의 믿음이 크면 아이는 거인이 된다. 부모가 자신을 믿어 준다는 것을 알면 어디서나 자신감 있고 당당한 아이로 자란다. 지금 당장 성적이 좋지 않더라도 스스로 내적으로 동기부여가 되면 순식간에 치고 올라간다. 잠재력을 극대화하는 것이다.

시험 성적 몇 점이 떨어졌다고 실망했다는 표정을 보인다면, 아이는 부모의 믿음을 얻고 있지 못하다고 느낄 것이다. 아이의 잠재력은 사장되어 버리고 만다.

자녀 교육에서는 부모의 생각이 가장 중요하다. 부모가 생각하는 대로 아이는 끌려온다. 아이의 호기심을 끌어올려 주면 스스로 공부한다. 아이에게 믿음을 주자. 믿음을 주는 만큼 성장할 것이다. 아이는 부모의 생각대로 자란다.

내 아이의 교육에
정답은 없다

"부모의 관심과 사랑은 아이의 마음에
지워지지 않는 인상을 남긴다."
- 레프 비고츠키(러시아의 심리학자)

제왕 교육을 하듯이
아이를 가르치자

역사적으로 가장 공들여 교육을 시킨 대상은 누구였을까? 바로 왕이 되기로 예정된 후계자들이었다. 제왕 교육이 가장 우수한 인재를 길러내는 교육이었다.

제왕 교육의 대표적인 특징은 가르치는 사람이 가르침을 받는 사람보다 많았다는 것이다. 그리고 왕의 스승은 당대 최고의 학자, 지성인들이어야만 했다. 무엇보다 가장 중요한 것은 제왕 교육의 성공은 부모의 위대한 의식에 달려 있었다는 것이다.

그리스, 페르시아뿐 아니라 멀리 인도까지 걸쳐 거대한 제국을 건설한 마케도니아의 왕 알렉산드로스 대왕은 아리스토텔레스에게서 가르침을 받았다. 아리스토텔레스는 서양철학의 기초를 닦은 플라톤의 제자이다.

영국의 철학자 화이트헤드는 "유럽의 철학 전통의 가장 안전하고 일반적인 정의는 그것이 플라톤에 대한 일련의 각주들로 이루어져 있다는 것이다."라고 플라톤 철학의 절대성을 말하기도 했다. 아리스토텔레스는 이 플라톤의 철학을 비판적으로 계승하고 발전시킨 최고의 지성인이었다.

플라톤은 그의 저서 《국가》에서 '동굴의 비유'를 통해 대부분의 인간은 동굴 속에 손발이 묶여 있는 죄수와 같다고 했다. 죄수들은 동굴 밖 태양에 비친 그림자를 실재라 믿는다. 하지만 철학자의 의무는 동굴 밖 실재(이데아)를 깨닫고 죄수들을 동굴 밖으로 인도하는 것이다.

알렉산드로스는 단순히 정복욕이나 이익을 위해 전쟁을 일으키지 않았다. 그가 전쟁한 이유는 다른 나라에도 그리스의 문화를 전파하기 위해서였다. 그가 보기에 그리스가 아닌 다른 세계는 억압받고 있는 동굴 속 죄수와 같았다. 그는 그들의 해방을 위해 대제국을 건설한 것이다.

얼핏 보기에 한 이상주의자가 수많은 생명을 희생시키며 땅따

먹기 전쟁을 한 것이라고도 볼 수 있다. 하지만 역사적으로 알렉산드로스의 원정 결과 그리스 문화와 오리엔트 문화가 융합된 헬레니즘이 탄생했다. 헬레니즘은 구약성서에 기반을 둔 헤브라이즘과 함께 서양사상의 중요한 토양이 된다.

네덜란드 역사상 50년이라는 최장 재위 기간을 기록한 빌헬미나 여왕은 치세 기간에 정치적으로 가장 큰 영향력을 행사한 여왕이었고, 국민적인 존경을 받았다.

그녀는 어머니 엠마 여왕을 통해 어릴 때부터 제왕 교육을 받았다. 네 살부터 어학, 수학, 역사 등을 배운 것이다. 특히 군대 총지휘관의 자질을 기르기 위해 군사학도 배웠다. 심지어 연습용 수류탄을 분해, 조립할 수 있었다고 한다.

그녀는 18세가 되던 1898년에 여왕으로 즉위했다. 그리고 국가를 위협하는 여러 위기를 잘 헤쳐 나갔다. 1차 세계대전에는 중립을 선언하고 전쟁의 참화로부터 나라를 지켜 냈다. 2차 세계대전에는 독일에 나라를 빼앗겼다. 하지만 영국에 망명해서도 리더십을 발휘해 네덜란드 국민들에게 희망을 주었다. 2차 세계대전 후에는 국가를 재건하기 위해 많은 노력을 기울였다. 그녀는 네덜란드의 주권 수호를 위해 자신의 책임을 다한 뛰어난 여왕이었다.

내 아이를 위해 깨어 있는 부모가 되자

알렉산드로스는 위대한 정신을 가진 스승의 교육을 통해 역사를 움직이는 큰 뜻을 품을 수 있었다. 아마 그의 아버지 필리포스 2세가 오래 살았다면, 아버지에게서도 많은 것을 배웠을 것이다. 필리포스 2세는 마케도니아가 강성해지는 기틀을 마련하고, 동방 원정 계획을 세웠던 인물이었다. 사실 알렉산드로스의 대제국 건설을 위한 여정은 아버지로부터 시작된 것이라고 할 수 있다. 아버지의 비전을 실행한 것이다.

빌헬미나 여왕은 어릴 때 어머니의 철저한 교육에서 군주의 자질을 배웠다. 엠마 여왕은 분 단위로 딸의 스케줄을 관리해 여왕으로서 필요한 근면함을 몸에 익히도록 했다. 그리고 딸의 스승들에게 공주에게 예의를 다할 것을 명했다. 악수도 하지 말고, 마주 보지도 못하게 했다. 딸이 스스로의 위상을 자각할 수 있게 한 것이다.

이렇게 아이를 위대한 인물로 키우기 위해서는 위대한 정신을 가진 부모가 필요하다. 부모가 큰 뜻을 품고 그에 걸맞은 교육을 하면 아이도 자연히 따라간다.

세계 인구는 얼마나 될까? 2024년 3월 말 기준으로 세계 인구는 81억 명으로 추산된다. 지구상에는 81억 명 정도의 사람이 200여

개의 나라에서 7,000여 개의 언어를 쓰며 살아가고 있다. 그리고 사람들의 재능과 개성은 인구수만큼이나 다양하다.

사람마다 특성이 다르기 때문에 교육의 방법도 그에 따라 다양해야 한다. 셈하는 것을 죽기보다 싫어해도 이야기를 만들어 내는 데 흥미와 재주가 있는 아이가 있다고 하자. 그 아이에게 굳이 미적분을 학원까지 보내 가며 가르쳐야 할까? 그런 아이의 재능을 빨리 발견해 작가로 육성해야 하지 않을까?

부모가 교육에 적극적으로 개입해야 하는 이유가 여기에 있다. 부모만큼 아이의 장단점에 대해 잘 알 수 있는 사람은 없다. 물론 부모라도 아이의 특성을 제대로 파악하기 위해서는 노력해야 한다. 칼 비테는 항상 일기를 쓰고, 학습 노트를 기록하면서 아이를 연구했다. 그 정도의 노력은 기울여야 한다.

아이의 특성을 잘 파악했으면 그것을 바탕으로 아이의 재능을 키워 줄 수 있는 나름의 교육 방법을 연구해야 한다. 가능하면 부모가 직접 하면 좋다. 하지만 직접 교육을 할 수 없다면 그런 교육을 해줄 수 있는 전문가를 찾는 노력을 해야 할 것이다.

국가에서 정한 교과과정을 완전히 무시할 수는 없다. 하지만 아이들의 재능과 특성을 잘 반영해 주지 못하는 초, 중, 고등학교 교육에 10여 년 동안 아이를 무방비로 노출한다고 해보자. 아이는 행복해지지도 못하고, 천재성을 발휘할 수도 없을 것이다.

부모의 적절한 개입으로 아이의 재능을 찾아 주자. 세상의 흐름에 멍하니 아이들을 방치하지 말고 행복의 길을 함께 고민하는 부모가 진정 '깨어 있는' 부모다.

깨어 있는 부모가 되기 위한 몇 가지 실천 사항을 정리해 보자.

1. 부정적인 의식, 잘못된 상식을 버리자.

부모도 '상식'이라는 이름으로 잘못된 의식을 많이 가지고 있다. 부모의 잘못된 지식, 생각 그리고 부정적인 의식을 비워 낼 필요가 있다. 그리고 마음속 깊이 상처받은 것들은 비워 내야 한다. 일기처럼 가벼운 글쓰기를 먼저 시작해 보자.

2. 인문고전 독서로 부모의 머리와 가슴을 채우자.

필요 최소한의 지식을 채워야 한다. 살아가면서 81억 명을 다 친구로 만들 수 없듯이, 세상에 나온 모든 책을 읽을 수는 없다. 검증된 책을 읽자. 바로 인문고전이다. 부록의 추천 고전을 참고하기를 바란다.

3. 고민하고, 지금 당장 실천하자.

비우고 채웠으면 고민해야 한다. 어떻게 내 아이를 성장시킬지, 아이에게 맞는 교육을 할지, 어떻게 호기심과 욕구를 자극할지 등. 그리고 실천해야 한다. 교육은 아이의 인생을 바꾼다. 게으름을 피울 때가 아니다. 좋은 방법을 찾기 위해 고민하고, 바로 실천하자.

내 아이의 교육에 정답은 없다. 하지만 부모는 답을 찾기 위한 노력을 게을리하지 말아야 한다. 부모의 게으름으로 아이의 잠재력을 죽이지 말자.

지킬 박사와 하이드

원전 읽기

만약 선과 악이라는 두 본성을 각각 독립된 존재로 분리할 수만 있다면, 인생을 살아가면서 겪는 이 고통을 쉽게 이겨낼 수 있을 것 같았네.

사악한 본성은 그와 대립하는 선한 본성 때문에 후회하거나 절망하지 않고 자기만의 방식대로 살아갈 수 있을 테고, 반면 선한 본성은 사악한 본성이 저지른 실수에 대해 수치스러워하거나 후회할 필요 없이 스스로 선을 행하며 즐거움을 느낄 수 있지 않겠는가.

그런 식으로 두 본성이 계속 아무 걱정 없이 발전해 나갈 수 있을 거라고 생각했네. 의식이라는 자궁 안에서 너무 다른 선악의 쌍둥이가 한 탯줄에 묶여 투쟁해야 한다니, 이건 인류에게 내려진 가혹한 형벌 아닌가.

드디어 나는 두 가지 모습 중 하나를 선택해야 했어.

지킬이 근심 가득한 아버지라면 하이드는 무심한 장난꾸러기 아들이었어. 지킬을 선택한다는 것은 그동안 은밀하게 누려오다 최근 들어 마음껏 즐긴 쾌락을 전부 포기한다는 뜻이었고, 하이드를 선택한다는 것은 수천 가지 관심사와 열정을 포기하고 영원히 사람들로부터 경멸받으면서 외롭게 살아가야 한다는 뜻이었지.

나는 하이드일 때 누린 자유와 젊음, 가벼운 발걸음, 힘차게 뛰는 맥박, 그리고 은밀한 쾌락에 단호하게 작별을 고했어. 하지만 이런 결정을 내리는 순간에도 무의식 속에서 망설였던 것 같아. 하이드가 자유를 찾기 위해 고군분투하면서 나 역시 쾌락에 대한 갈망과 고뇌에 시달리기 시작했어. 결국 나의 도덕적인 면이 느슨해지는 시간이 온 걸세. 결국 나는 한 번 더 조제한 변신 약을 마셨다네.

작가의 이야기

인간은 선한 존재일까, 악한 존재일까? 아니면 두 가지 본성을 모두 타고나는 것일까? 지킬 박사는 세상 사람들에게 존경받고 도덕적인 사람이다. 하지만 한편으로 그는 이

기적인 욕망을 해소하면서 그것이 알려질까 두려워한다.

그는 자신이 개발한, 선과 악을 분리해 주는 약을 먹고 자신의 억제된 어두운 본능을 해방하는 경험을 통해 쾌락을 느낀다. 길을 걷다 실수로 부딪친 아이에게 폭력을 휘두르고, 길을 묻는 신사를 지팡이로 때려 숨지게 하기도 한다.

그는 도덕적 삶에서도 만족을 느끼지만, 이기적인 쾌락을 추구하는 삶을 포기하지 못한다. 지킬 박사는 하이드의 모습을 버리기로 다짐하고서도 결국은 다시 그 모습으로 돌아가고 비참한 최후를 맞게 된다. 인간은 유혹을 이길 수 없는 존재일까?

아이에게 던지는 질문

• 사람은 착하게 태어날까? 그렇다면 왜 나쁜 일을 하는 사람들이 있는 걸까?

• 만약 지킬 박사처럼 약을 먹고 하고 싶은 대로 다 할 수 있다면 약을 마실 거니?

• 약을 마시고 다른 사람이 된다면 어떤 일을 하고 싶지? 왜 그걸 하고 싶어?

삼국지
(나관중)

원전 읽기

"세 가지 약조를 구할 것이네. 만일 승상께서 들어주신다면 지금 당장 갑옷을 벗고 항복하겠으나, 들어주지 않는다면 죽음만이 있을 뿐이네.

첫째, 이제 내가 항복하더라도 한나라 황제께 하는 것이지, 결코 조조에게 항복하는 것이 아니며, 둘째, 두 분 형수님께 유황숙의 봉록을 내려 부양하되 아무도 거처에 들이지 않을 것이며, 셋째, 유황숙께서 계신 곳을 알면 그날에는 천리라도 만 리라도 가리지 않고 돌아갈 것이오. 이 세 가지 가운데 하나라도 승낙하지 않으면 맹세코 항복하지 않겠소."

관운장이 곧 붓을 들어 (유비에게) 답신을 쓰니, 그 뜻은 대강 다음과 같다.

"일찍이 듣자니, 의리는 마음을 저버리지 않고 충성은

죽음을 돌보지 않는다고 하였습니다. 근래에 여남에 갔다가 비로소 형님 소식을 들었으니, 이제 조조에게 하직하고 두 분 형수님을 모시고 돌아가려 합니다. 만일 관우가 딴마음을 품는다면 천지신명과 사람이 절대 용서하지 않을 것입니다. 가슴을 쪼개 속마음을 보이려 하여도 필설도 전할 수 없습니다. 형님을 뵐 날이 그리 멀지 않았으니, 바라옵건대 이 아우를 굽어살피소서."

관운장은 마침내 붓을 들어 조조에게 하직의 글을 썼다.

"관우는 일찍이 유황숙을 섬겨 생사를 함께 하기로 맹세했습니다. 지난번 하비성을 잃었을 때 관우가 청한 세 가지 약조를 승상께서는 이미 응낙하셨습니다. 이제 옛 주인이 원소의 군중에 계신 것을 알았으니, 옛 맹세를 돌이켜 생각할 때 어찌 저버릴 수 있겠습니까. 비록 승상의 은혜가 두터우나, 옛 의리를 잊기 어려워 이렇듯 글로써 하직 인사를 올리니, 승상께서는 부디 굽어살피소서. 아직 갚지 못한 남은 은혜는 반드시 뒷날에 보답하겠소이다."

작가의 이야기

후한 말기 촉한의 장수 관우는 목숨보다 의리를 중시한 인물로 전한다. 그는 유비, 장비와 함께 의형제를 맺고 한 황실의 부흥을 위해 노력한다. 그는 조조와의 전투 중에 고립되어, 항복과 죽음 중 하나를 선택해야 하는 상황에 부닥친다.

그는 평소 친분이 있던 장요의 권유로 결국 조조에게 세 가지 조건을 걸고 항복한다. 이후 조조는 관우의 마음을 돌리기 위해 후하게 대접했다. 그리고 공을 세워 은혜를 갚고 떠나겠다는 관우의 말에 공을 세울 기회를 주지 않으려고 한다. 하지만 원소와의 전투에서 조조 휘하에 안량을 당해 낼 장수가 없어, 관우가 안량을 물리치고 공을 세우게 된다.

이후 관우는 유비의 소식을 듣자마자 그간 조조에게 받은 모든 선물을 창고에 봉하고 떠난다. 조조도 그의 충절과 의기를 높게 사 뒤쫓지 않게 한다.

- 의리라는 것이 무엇일까? 예를 한 번 들어 볼까?
- 자신의 이익을 챙기는 것과 의리를 지키는 것 중에 어떤 것이 더 가치 있다고 생각하니? 왜 그렇게 생각하지? 여포와 관우는 어떤 점이 다를까?
- 상황이 변하면 약속했던 것을 지키지 않아도 되는 경우도 있지 않을까?

현대에도 통하는 칼 비테의 인문고전 독서 교육!

뇌 과학으로 입증된 칼 비테 교육법

칼 비테 교육법에는 우리가 배워야 할 훌륭한 점이 매우 많다. 그중에서 핵심을 세 가지만 꼽는다면 첫째 '호기심', 둘째 '칭찬', 그리고 마지막으로 '건강'이다.

이 세 가지 키워드만 잘 알아도 아이를 행복한 천재로 키우는 데 부족함이 없다. 놀랍게도 현대 뇌 과학에서도 이 세 가지 요소가 뇌 발달에 중요한 역할을 한다는 사실을 밝혀냈다.

호기심은 뇌에 어떤 영향을 줄까? 어떤 분야에 강한 호기심을 갖고 몰입하면 뇌는 그 자극에 반응해 크게 변화한다. 왜냐하면 뇌는 가소성이라는 특성이 있기 때문이다.

가소성은 뇌에 어떤 자극을 주었을 때 스스로 변화하는 능력이다.

자극이 사라지더라도 변화는 지속된다. 즉, 자극에 의해서 뇌는 계속 바뀌는 것이다. 뇌는 멈춰 있지 않고 스스로 변화하고 성장한다.

이때 자극이 강하면 강할수록 뇌의 가소성은 높아진다. 호기심은 열정적인 노력을 이끌어 낸다. 그 결과 뇌가 크게 변할 수 있는 강렬한 자극을 준다.

호기심은 뇌의 노화를 늦추거나 치매를 예방하는 것에도 도움을 준다. 호기심이 왕성한 사람은 뇌가 항상 말랑말랑하고 건강하다.

칭찬은 뇌를 춤추게 한다. 사람의 뇌는 크게 3층(후뇌, 중뇌, 대뇌)으로 되어 있다. 이 중 대뇌는 '이성의 뇌'로 불리며 고차원적인 정신 활동을 가능하게 한다. 대뇌는 기능과 위치에 따라 전두엽(감정, 사고, 창조 등 담당), 측두엽(청각, 기억 담당), 두정엽(언어, 촉감, 운동, 공간 지각 담당), 후두엽(시각 담당) 4개로 구분할 수 있다.

칭찬을 받으면 청각, 언어, 감정 등에 긍정적인 신호가 오고 전두엽, 측두엽, 두정엽에 변화가 생긴다. 대뇌가 춤추는 것이다. 칼 비테는 아들이 교만해지지 않도록 과도한 칭찬은 자제했다. 하지만 잘한 것에 대해서는 충분한 성취감을 느낄 수 있도록 칭찬해 주었다.

아무리 뇌가 발달했다고 하더라도 컨디션이 좋지 않다고 생각해 보자. 아마 뇌는 그 기능을 다 발휘하지 못할 것이다. 몸의 건강은 뇌 건강의 기본이다. 또한 운동을 잘 하면 뇌에서 기억을 담당하는 '해마'라는 부분도 활성화 된다고 한다.

칼 비테는 아이의 건강을 위해 많은 공을 들였다. 특히 충분한 수면과 영양 섭취에 신경 썼다.

칼 비테 교육법의 탁월함은 현대의 뇌 과학으로도 충분히 입증할 수 있는 것이다. 그 방법을 내 것으로 만들어 응용해 보면 누구나 그 효과를 확인할 수 있을 것이다.

4차 산업 혁명 시대, 인문고전 독서 교육은 생존의 문제다

스티브 잡스가 다녔던 리드 칼리지는 인문고전 독서 교육으로 유명하다. 리드 칼리지에서는 입학생들에게 특별한 선물을 준다고 한다. 신입생들에게 입학 통지서와 함께 호메로스의 《일리아스》와 《오디세이아》를 보내 준다는 것이다.

왜 수많은 고전 중에서도 호메로스의 작품을 먼저 읽도록 하는 것일까? 본문에도 소개했듯이 두 책은 서양 문명의 뿌리라고 할 수 있는 고전 중의 고전이다. 그 속에는 죽을 수밖에 없는 인간의 운명에 대한 인식, 어떻게 하면 명예롭게 죽을 것인가에 대한 성찰이 있다. 또한 인생이라는 긴 항해를 어떤 정신으로 헤쳐 나가야 할지 고민하게 해준다.

《오디세이아》에 보면 키클롭스라는 외눈박이 거인이 나온다. 오디세우스는 지혜를 짜내 그 괴물의 소굴에서 빠져나오기는 하지만, 동료 중 일부를 잃고 만다. 거인은 그의 항해에 큰 걸림돌이 되었던 것이다.

나는 가끔 스스로에게 질문하곤 한다. '혹시 내가 외눈박이는 아닐까? 두 눈을 바로 뜨고 현상뿐 아니라 본질까지 제대로 보고 있는 것일까? 다양한 관점으로 생각하고 있는 걸까?'

변화의 속도가 빠른 세상이다. 나만의 생각과 통찰력 없이 변화에만 휩쓸려 가는 외눈박이가 되지는 말아야 하겠다. 내 아이에게 재산을 물려주려고 애쓰지 말자. 그보다는 인문고전 독서 교육을 통해 세상과 인간의 본질을 볼 수 있는 눈을 틔워 주자.

행복한 천재를 키워낸 칼 비테 교육의 중심에는 인문고전 독서 교육이 있었다는 사실을 잊지 말자.

감사의 말씀

먼저 자식들이 충분한 사랑을 받고 있다는 것을 느끼며 자랄 수 있게 해주신 아버지와 어머니께 무한한 사랑과 감사의 말씀을 드린다. 부모님은 나와 동생에게 자식을 위한 희생과 사랑이 어떤 것인지 두 분의 삶 속에서 생생하게 보여주셨다.

두 아이를 너무나 행복하고 건강하게 키워 주고 있는 아내에게 사랑한다는 말을 전한다. 가끔은 엉뚱해 보이는 남편을 항상 따뜻하게 감싸 주는 너무나 고마운 존재다. 아내가 없었다면 이 책도 빛을 보지 못했을 것이다.

그리고 아내를 사려 깊은 사람으로 키워 주신 장인, 장모님께도 큰 사랑과 감사를 전한다.

⋯⟶ 칼 비테가 추천하는 고전 10선 ⟵⋯

칼 비테는 어떤 고전을 읽혔을까? 그가 책 제목을 전부 밝히지는 않아서 전체 목록을 알 길은 없다. 하지만, 칼 비테가 그의 저서에서 '아들이 좋아했다'라고 언급한 내용을 통해 유추해 볼 수 있다. 그중에서도 인문학 교육으로 유명한 세계 유수의 대학에서 추천하는 고전 리스트와 중복되는 책을 10권 정리했다. 아이의 흥미와 독서 수준에 맞게 활용하기를 권한다.

칼 비테가 아들에게 인문고전을 읽힌 목적은 아래와 같다.

첫째, 특정 분야에 빠지지 않고 다양한 분야의 지식을 습득한다.

둘째, 고전을 원전으로 읽으면서 그 언어에도 관심을 갖는다.

셋째, 고전을 통해 인간의 다양한 감정을 이해하고, 풍부한 상상력을 얻는다.

넷째, 고전을 통해 지식을 뛰어넘는 지혜를 얻는다.

다섯째, 고전 속에서 인간에 대한 이해를 높인다.

1.《일리아스》

고대 그리스 시인 호메로스의 장편 서사시다. '일리아스'는 '트로이 이야기'라는 뜻이다.

기원전 12세기에 그리스와 트로이 사이에 10년 전쟁이 일어난다. 〈트로이〉라는 영화에서도 볼 수 있었던 그리스 군의 아킬레우스와 트로이의 왕자 헥토르의 대결이 압권이다.

아킬레우스나 헥토르처럼 한 시대를 호령하던 영웅도 결국 죽음을 피해 갈 수 없는 존재다. 아들 헥토르의 시신을 찾으러 간 프리아모스 왕과 아킬레우스가 함께 우는 장면에서는 '전쟁, 운명, 죽음이란 무엇인가?'하는 질문을 아이들에게 던지고 이야기 나눌 수 있다.

2.《오디세이아》

역시 호메로스의 작품이다. '오디세이아'는 '오디세우스의 노래'라는 뜻이다. 오디세우스는 트로이 전쟁에 참전했고, '트로이의 목마' 아이디어로 전쟁을 승리로 이끈다. 그가 부하들과 고향으로 돌아가는 10년간의 모험 이야기가 재미있게 펼쳐진다. 우리의 인생이란 기나긴 항해와 같다. 풍랑을 만나기도 하고, 배가 뒤집어지기도 한다. 하지만 인간은 시련을 헤치고 목적지를 향해 나아가야 하는 존재다. 자신의 사명을 망각하지 않은 리더가 최후에 승리한다는 교훈을 얻을 수 있다.

인간사에 신들이 개입하는 장면은 아이들의 상상력을 자극한다. 그리고 외눈박이 거인, 세이렌 등 호기심을 불러일으키는 괴물들의 등장도 재미있다.

3. 《아이네이스》

고대 로마 시인 베르길리우스의 장편 서사시다. '아이네이스'는 '아이네아스의 노래'라는 뜻이다. 아이네아스는 트로이의 용맹한 영웅이었다. 그가 부하들과 함께 7년간의 고난 끝에 로마 건국의 기초를 다진다는 이야기다.

칼 비테는 《일리아스》나 《오디세이아》보다 《아이네이스》를 먼저 아들에게 읽어 주었다. 《아이네이스》는 패망한 나라의 영웅이 새로운 국가를 건설하는 이야기다. 시련을 딛고 낡은 세상을 문 닫고 새로운 세상을 여는 모험심, 개척 정신을 아이에게 심어 주려고 한 것이다. 또한 라틴어 최고의 고전을 통해 라틴어에 대한 감각을 자연스럽게 익히도록 했다.

4. 《소크라테스의 변명》 / 《플라톤의 대화편》

소크라테스의 제자 플라톤은 대화 형식으로 여러 책을 남겼다.

그중에서 《소크라테스의 변명》은 짧지만, 소크라테스의 진면목을 엿볼 수 있는 책이다. 지(知)를 추구하는 삶을 실천하고 의연하게 죽음을 맞이하는 소크라테스의 모습에서 여러 가지 질문이 떠오른다. '정의란 무엇인가?', '다수결은 항상 옳은가?'

5. 《플루타르코스 영웅전》

고대 로마 철학자 플루타르코스의 인물 전기다. 사마천의 《사기 열전》과 함께 인물 전기 분야에서는 최고의 고전으로 꼽힌다. 50명의 그리스, 로마 영웅을 짝지어 비교한 것이 특징이다. 영웅들을 미화하지 않고 있는 그대로의 사실을 생생하게 전했다.

아이들과 읽으면서 영웅들의 장단점을 이야기해 볼 수 있다. 그리고 인간 사이의 우정, 배신 등 인간관계에 대해서도 생각해 볼 수 있다.

6. 《의무론》

고대 로마 정치가 키케로의 작품이다. 15세기에 구텐베르크가 금속활자를 발명한 뒤 두 번째로 많이 인쇄된 책이라고 전한다. (1위는 성경) 독일 철학자 칸트는 윤리학을 이 책에서 배웠다고 했고, 볼테르는 '아무도 이보다 더 현명하고 진실하며 유용한 어떤 것도 쓰지 못할 것'이라고 말했다. 서양인의 정신세계를 지배한 실천적 윤리규범서로 '서양의 논어'라고도 불린다. 르네상스를 연 책이라고도 평가된다.

플라톤주의자인 키케로가 아리스토텔레스주의자인 아들에게 보내는 편지로, 도덕적 선과 유익함에 대해 논하고 있다. 번역본이 워낙 어렵기 때문에, 부모가 먼저 핵심 주제를 파악하고 발췌해서 일부만 읽어준 뒤 대화 주제로 삼아 보기를 권한다.

7.《변신이야기》

고대 로마의 시인 오비디우스의 작품이다. 천지창조에서부터 시작되는 로마 건국 서사시로 128편의 신화가 담겨 있다. 격정적인 신들에 대한 묘사를 통해 인간 또한 그러하다는 것을 보여준다. 영혼은 사라지지 않고 돌고 돌면서 다른 육체에 깃든다는 세계관도 재미있는 토론 거리다.

8.《신곡》

이탈리아의 시인 단테의 장편 서사시다. 지옥, 연옥, 천국의 여행을 통해 인간의 본질에 대해 고민할 수 있다. 아이와 읽을 때는 지옥의 묘사는 가볍게 읽고 넘어가고, 인간의 고뇌와 사랑, 슬픔, 희망

등 보편적인 정서에 집중할 수 있도록 유도할 것을 권한다.

9. 《이솝이야기》

이솝의 동물 설화집이다. 동물들을 통해서 인간의 마음을 들여다볼 수 있다. 쉽고 명쾌한 문장으로 교훈을 준다. 〈시골 쥐와 도시쥐〉, 〈북풍과 태양〉, 〈사자와 여우〉, 〈여우와 포도〉 등 짧지만 교훈적인 이야기가 가득하다. 아이와 읽을 때 바로 결론을 가르쳐 주지 말고 "그래서 어떻게 되었을까?", "너 같으면 어떻게 할래?" 하는 질문을 던지기 좋은 책이다.

10. 《로빈슨 크루소》

영국의 소설가 대니얼 디포의 소설이다. 25년간 무인도에서 생존하던 주인공이 식인종에게 죽임을 당할 뻔한 사람을 구해 주면서 28년 만에 섬에서도 탈출한다는 이야기다.

작품 전반에 서구 중심적인 가치관이 반영되어 있다는 견해도 있다. 하지만 무인도에 혼자 갇힌다는 설정은 아이들의 상상력을 자극하고, 생각할 거리를 준다.

칼 비테는 아들이 여러 언어로 읽을 수 있게 해서 프랑스어 등을 익히는 데 활용했다.

❖ 작가가 추천하는 고전 30선 ❖

고전은 생각하고 연결하면서 읽는 것이 중요하다

아이들의 상상력과 생각하는 힘을 키우는데 도움이 되는 고전 30권을 소개한다. 다만, 여기서 추천하는 모든 고전을 다 읽히려는 욕심은 버리자. 가장 중요한 것은 아이의 흥미다.

추천 고전을 읽을 때는 책 한 권을 무조건 다 읽어야 한다는 강박 관념을 버리자. 고전은 읽기 어렵다는 사실을 먼저 인정하자. 엄마, 아빠가 먼저 읽어보고 재미있는 부분이나 감동적인 부분을 우선 읽어주거나 이야기 해주자. 좋은 글귀는 메모해서 집 안 곳곳에 붙여 두어도 좋다. 무엇보다 먼저 호기심을 이끌어 내는 것이 중요하다.

추천하는 책을 다 읽으려고 스트레스를 받을 필요도 없다. 부모님들과 아이가 관심을 가지는 책 위주로 읽으면 된다. 중요한 것은 '질문을 던지며 생각하며 읽기'와 '연결하며 읽기'다. 책을 읽는 데 급급하지 말고 반드시 생각할 수 있는 질문을 던져야 한다. 그리고 하나의 책을 읽더라도 다른 책과 연결해서 깊이 생각해 보는 것이 중요하다.

고전 읽기는 절대로 숙제처럼 하면 안 된다. 흥미를 잃으면 다시 회복하기 어렵다. 내 아이의 고전 읽기는 호기심에서 시작해서 깨달음으로 끝낼 수 있게 이끌어 주자.

선정 기준

첫째, 출간한 지 60년 이상 되어야 한다. (두 세대 이상의 시간을 이겨내야 함)

둘째, 내용이 쉬우면서도 질문과 토론 거리가 많아야 한다.

셋째, 특정 부분만 발췌해서 읽어도 도움이 된다. (특히 동양철학)

넷째, 되도록 두껍지 않은 책을 선정한다.

다섯째, 아이의 흥미를 끌 수 있는 요소가 많아야 한다.

여섯째, 평범한 부모님들이 한 번쯤은 접해 봤을 만한 책으로 부담이 적어야 한다.

1. 《홍길동 전》(허균)

허균이 지은 최초의 한글 소설이다. 내용이 길지 않고 비교적 쉽게 읽을 수 있다. 그리고 아이와 함께 이야기해 볼 만한 주제가 많다.

아이에게 '사람의 권리는 왜 다 같아야 할까?', '신분제는 왜 생겨났을까?', '나라를 다스리는 사람들은 어떤 마음을 가져야 할까?'와 같은 질문을 던져 볼 수 있다.

로빈 후드 이야기와도 연계해서 '가난한 사람들에게 나눠주기 위해 도둑질하는 것은 좋은 일일까?' 하는 주제로 토론해 보자. 홍길동을 알려주고 로빈 후드를 이야기해 주면 아이는 십중팔구 로빈 후드도 읽으려고 할 것이다.

2. 《구운몽》(김만중)

조선 후기 숙종 때 서포 김만중이 어머니를 위로하기 위해 지었다고 전해진다. 길이가 좀 길지만, 재미있게 술술 읽을 수 있다.

주인공 성진이 양소유라는 이름으로 인간 세상에 유배되어 온갖 부귀영화를 누린다. 그러다 말년에 인생의 무상함을 느끼고 불가에 귀의하는 내용이다.

아이와 함께 '지금의 삶은 원래 내가 유배되어 온 것일까, 깨달음을 위해 온 것일까?', '부귀영화를 누리기 위해 노력하는 삶은 가치가 없는 것일까?'와 같은 문제를 생각해 볼 수 있다.

3. 《하늘과 바람과 별과 시》(윤동주)

시인이자 독립운동가였던 윤동주 시인의 유고 시집이다. 잎 새에 이는 바람에도 괴로워한 순결함과 독립을 향한 염원을 시집 곳곳에서 찾아볼 수 있다.

시의 아름다움이 무엇인지 전해 줄 수 있다. 아이에게 마음에 드는 구절을 적어 보게 하자. 시만 따로 적게 하는 것도 좋고, 일기에 감동적인 시 구절을 써 보게 하는 것도 좋다.

시를 읽힐 때는 어떤 '의미'인지를 물어보려고 하지 말고 어떤 '느낌'인지를 함께 이야기 하자.

4. 《삼국유사》(일연)

《삼국사기》와 함께 한국의 대표적인 고대 역사서이다. 책 전체를 다 읽는 것도 좋다. 하지만 지루한 부분은 넘어가고 선별해서 읽어보기를 권한다.

단군 등 건국 신화와 고승들의 이야기는 아이들의 호기심을 자극한다. 단군 신화를 전해 줄 때는 그리스 로마 신화처럼 옛사람들이 어떻게 상상력을 발휘했는지를 이야기 해주자.

5. 《백범일지》(김구)

독립운동가 백범 김구의 자서전이다. 담담하게 서술된 행간에서 백범의 독립에 대한 의지와 마음 경계를 읽을 수 있다.

독립운동가의 삶은 언제 밀고로 암살될지 모르는 위험천만한 것이다. 아이와 '만약 일본이 우리나라를 빼앗은 그 시대에 태어났다면 우리는 어떻게 살아야 했을까?' 하는 주제로 이야기해 보자. 《일리아스》의 '역사에 이름을 남기는 명예로운 삶'과 연결해서 생각해 보는 것도 좋다.

6. 《난중일기》(이순신)

임진왜란에서 조선의 승리에 결정적인 역할을 한 충무공 이순신의 난중일기다. 감정은 절제되어 있고, 사실과 충무공의 생각이 간결하고 담담하게 기록되어 있다. 나라에 대한 걱정, 인간적인 고뇌를 엿볼 수 있다.

충무공은 군의 기강을 세우고 부하에 대해 상벌을 엄격하게 했다. 진중에서도 독서를 게을리하지 않았고, 모든 상황에 미리 대비했다. 아이와 리더란 어떠해야 하는지에 대해 이야기 해 볼 수 있다.

7. 《명심보감》(추적)

고려 시절 어린아이들의 학습을 위해 중국 고전의 명구를 편집

해 만든 책이다. 일상생활 속에서의 가치관과 생활 태도를 정립하는데 도움이 된다. 책을 다 읽으려는 욕심보다는 조금씩이라도 필사하면서 읽을 수 있도록 해주면 좋다.

'물이 지극히 맑으면 고기가 없고, 사람이 지극히 살피면 친구가 없다'와 같은 말처럼, 내용을 곱씹어 생각해 볼 만한 구절은 아이에게 무슨 말인지 생각해 보게 하자.

8. 《사자소학》(미상)

주자의 《소학》과 다른 경전들의 내용을 발췌하여 엮었다. 선조들이 서당에서 천자문과 함께 배운 한문학의 기본이 된 책이다. 어린이들도 충분히 이해할 수 있는 수준의 내용이다. 어른 공경 등 기본적인 생활 규범을 익히는 데 도움이 된다. 초등학교 저학년 때 필사하면서 보기에 적당하다.

9. 《소나기》(황순원)

시골 소년과 도시 소녀의 청순한 사랑을 담은 이야기다. 따뜻한 마음을 나누는 소년과 소녀의 수채화 같은 이야기가 아름답다. 반면에 소녀의 죽음은 너무 갑작스럽고 허탈하다.

아이에게 소설의 결말을 원하는 대로 바꿔서 이야기하게 해보

자. 엄마, 아빠는 이런 결말이었으면 좋겠다고 먼저 말하지 말고 우선 아이가 상상력을 발휘하도록 기다려 줄 것을 권한다.

10. 《메밀꽃 필 무렵》(이효석)

"소설을 배반한 소설가"라는 평가를 받을 정도로 소설을 시적으로 쓴 이효석의 아름다운 소설이다.

'산허리는 온통 메밀밭이어서 피기 시작한 꽃이 소금을 뿌린 듯이 흐붓한 달빛에 숨이 막힐 지경이다'처럼 자연에 대한 묘사가 압권이다.

아이와 함께 자연을 묘사한 멋진 문장을 필사하거나 낭독하면서 읽어볼 것을 권한다. 아이의 호기심을 자극하기 위해서는 아름다운 문장을 메모해서 잘 보이는 곳에 붙여 두는 것도 좋다.

11. 《사기열전》(사마천)

사마천의 《사기》는 〈본기〉, 〈표〉, 〈서〉, 〈세가〉, 〈열전〉으로 이루어져 있다. 그 중 〈열전〉이 가장 재미있는 개인 전기다. 시대를 대표하는 여러 인물의 삶을 통해 인간이란 무엇인지, 어떤 가치관을 바탕으로 어떻게 처신해야 하는 지를 배울 수 있다.

양이 꽤 많은 편이다. 호기심을 갖고 스스로 읽기 전에는 아이가 흥미를 느낄 만한 부분을 발췌해서 읽어주자. 주요 인물에 대해 스토리텔링 해주고 관심을 보이면 읽게 해보자.

12. 《정관정요》(오긍)

당 태종 이세민과 그 신하들의 대화를 편찬한 책이다. 오긍은 중국 역사상 최초의 여황제인 측천무후의 전횡을 겪었다. 그러면서 통치자의 중요성을 통감하고 올바른 정치철학의 정립을 위해 이 책을 썼다.

군주의 도리와 관리의 역할 등 치세를 위한 고민이 녹아 있다. 그래서 제왕학의 기본서로 손색이 없다. 아이와 '리더는 어떤 생각과 자세를 가져야 할까?', '정치라는 것의 근본은 무엇일까?', 와 같은 주제로 이야기를 나눌 수 있다.

13. 《논어》(공자)

공자와 제자들의 언행을 기록한 유가의 경전이다. 《논어》는 공자의 가르침을 가장 직접적으로 전한다고 볼 수 있다. 삼성의 이병철 초대 회장은 생전에 논어를 옆에 끼고 경영 철학으로 삼았다.

엄마, 아빠가 먼저 읽고 좋은 글귀를 손수 적어 집 곳곳에 붙여두자. '기소불욕물시어인(己所不欲勿施於人)'(자기가 하고 싶지 않으면 남에게도 전가하지 말라)와 같은 구절은 아이와 함께 적고 그 뜻에 관해 이야기해 보자.

14. 《손자병법》(손무)

춘추시대 오나라의 왕 합려의 신하 손무의 저작으로 전해지는 병법서다. 병법서임에도 불구하고 싸움을 권하지 않는다. 오히려 싸우지 않고 이기는 것, 싸우기 전에 승리할 수 있는 상황을 미리 만들 것을 주장한다.

《손자병법》을 반복해 읽으면 현실을 냉정하게 분석하고, 전략적인 준비와 선택을 할 수 있는 지혜를 기를 수 있다. 평생에 걸쳐 여러 번 읽어야 하는 책이다. 아이에게는 중요한 부분을 발췌해서 읽고 생각하게 해보자.

15. 《삼국지연의》(나관중)

후한 말기 위, 촉, 오 삼국의 정립과 통일이 배경이다. 수많은 영웅이 힘과 지혜를 겨루는 과정을 재미있게 볼 수 있다. 개인적으로는 쉽고 재미있게 읽을 수 있는 황석영 삼국지를 권한다.

여러 인물을 비교해 보자. 예를 들어 배신을 밥 먹듯이 하는 여포와 의리의 화신 관우의 행적을 비교하면서 어떤 삶을 살아야 할지 이야기해 볼 수 있다. 재주가 뛰어난 조조와 덕이 뛰어난 유비를 비교해 보는 것도 재미있다.

16. 《수호지》(시내암)

북송 시대 양산박에서 봉기했던 영웅들의 실화를 바탕으로 한 중국 명나라의 소설이다. 등장인물이 상당히 많고 그들에 대한 묘사가 다양하다. 무협지처럼 재미있게 빠져들어 읽을 수 있다.

아이와 '의리와 정의라는 가치가 무엇인가'에 대해 이야기 나눌 수 있다.

17. 《소학》(주자)

주자가 어린이들에게 유학을 가르치기 위해 엮은 유학 입문서이다. 자기 수양, 예의범절에 관한 격언이 많다. 그리고 충이나 효와 같은 유학에서 중요한 가치를 강조한다. 조선 시대에 《소학》은 필수 교양서였다.

《사자소학》과 함께 아이와 함께 필사하면서 뜻을 음미해 보자. 혹은 좋은 글귀를 부모가 써서 붙여 두기에도 좋다.

18. 《대학》(자사)

원래《예기》의 한 편이었다. 제목 그대로 '큰 배움'이란 어떤 것인지 생각해 볼 수 있다. 유명한 '수신 제가 치국 평천하(修身 齊家 治國 平天下)'가《대학》의 일부분이다.

아이와 '리더는 왜 자신의 몸부터 닦아야 하는가?', '배움의 목적은 무엇인가?'와 같은 주제로 이야기해 보자.

19.《채근담》(홍자성)

중국 명나라 말기 홍자성의 어록이다. 유교를 기본으로 불교와 도교의 사상도 녹아 있다. 그 내용이 인생의 근본 문제에 대한 고민과 지혜로 가득하다.

아이가 인생의 큰 뜻을 세우는 데 도움이 되는 책이다. 평생 곁에 두고 여러 번 읽을 수 있는 책이다. 만해 한용운의《채근담 강의》를 권한다.

20.《기탄잘리》(타고르)

'인도의 시성(詩聖)' 타고르에게 노벨문학상을 안겨 준 시집이다. 기탄잘리는 '신에게 바치는 송가'라는 뜻이다. 영혼 불멸과 환생이 기본적인 사상적 배경이다.

'우리는 이 세상의 축제에 초대받았고, 최선을 다해 살아가야 한다'라는 타고르의 생각을 아이와 함께 나눠 보자. 《기탄잘리》에는 인생을 바라보는 관점을 바꿀 수 있는 시어들로 가득하다.

21. 《어린 왕자》(생텍쥐페리)

짧지만 강렬한 인상을 주는 문장이 가득하다. 《어린 왕자》를 읽으면 부모도 어린아이의 관점에서 세상을 있는 그대로 바라볼 수 있는 힘을 얻을 수 있다.

아이와 함께 '길들여짐', '관계'에 대해 이야기 나눠 보자. 상대에게 의미 있는 존재가 된다는 것이 어떤 것인지 아이의 생각을 들어보자. 그리고 '중요한 것은 눈에 보이지 않는다'라는 것이 어떤 의미인지도 함께 생각해 보자.

22. 《데미안》(헤르만 헤세)

'새는 알을 깨고 나온다. 알은 새의 세계다. 태어나려는 자는 한 세계를 파괴하지 않으면 안 된다.'라는 문장으로 유명하다. 자아의 성장을 기록한 헤르만 헤세의 대표적인 작품이다.

기존의 세계를 깨고 다른 세상으로 나아가는 자아 성찰의 여행을 그렸다. 그 속에서 구도자의 그것과 같은 성찰이 가득하다. 진정한 '나'라는 것은 무엇인지 아이와 이야기해 볼 수 있다. 소설

곳곳에 작가의 통찰력을 바탕으로 깨달음을 주는 문장을 찾아보자.

23.《4대 비극》(셰익스피어)

역사상 가장 영향력 있는 극작가인 셰익스피어의 작품이다. 그의 작품 중 〈햄릿〉, 〈오셀로〉, 〈리어왕〉, 〈맥베스〉를 4대 비극이라고 한다. 그의 비극은 시간이 지나도 크게 변하지 않는 인간의 보편적인 정서인 욕망, 사랑, 질투, 증오 등을 적나라하게 보여준다. 복수를 행하는 주인공의 모습을 보면서 '너라면 어떻게 했을까?'라는 질문을 던져 보자.

24.《톨스토이 단편선》(톨스토이)

《전쟁과 평화》, 《안나 카레니나》로 유명한 톨스토이의 단편 모음이다. 톨스토이는 러시아를 대표하는 위대한 작가이자 사상가다.
〈사람은 무엇으로 사는가〉, 〈사람에겐 얼마만큼의 땅이 필요한가〉, 〈바보 이반〉 등 단편에서 사랑, 자비, 비폭력, 금욕 등의 가치를 강조했다. 아이와 어떤 가치관을 바탕으로 살아가는 것이 좋을지 이야기해 볼 수 있다.

25. 《변신》(프란츠 카프카)

실존주의 문학의 선구자로 평가받는 프란츠 카프카의 중편 소설이다. 소설의 내용은 다소 뜬금없고 충격적이다. 잠에서 깨어난 주인공이 벌레와 같은 모습으로 변해 버린 것이다. 가족들은 그를 외면하고 주인공은 아버지가 던진 사과 때문에 생긴 상처로 고통받다가 죽음에 이른다.

작가는 유대계 독일인으로 어디에도 속하기 힘든 삶을 살았다. 자신을 이해해 주는 가족의 부재, 가족과의 소통의 염원 등이 소설에 투영되어 있다. 소설을 읽고 아이와 현실의 삶과 희망하는 삶을 일치시키는 것, 가족의 의미 등에 대해 이야기 해 볼 수 있다.

26. 《지킬 박사와 하이드》(로버트 루이스 스티븐슨)

《보물섬》으로 유명한 로버트 루이스 스티븐슨의 중편 추리 소설이다. 지킬 박사는 약물로 선과 악을 분리할 수 있다는 생각에 약을 만들어 마신다. 그 결과 그는 악한 인격인 하이드로 변하고 살인까지 저지른다.

인간의 본성이 악한가, 선한가에 대해 아이와 토론해 보자. 성선설과 성악설을 주장한 철학자들의 주장과도 연결해 지식을 확장할 수 있다.

27. 《역사》(헤로도토스)

그리스와 페르시아 간에 벌어진 페르시아 전쟁(BC 492~BC 448) 중 BC 479년까지 역사를 다룬 역사서이다. 첫 문장은 이렇게 시작한다. "이 글은 할리카르낫소스 출신 헤로도토스가 제출하는 탐사 보고서다." 최초로 객관적인 역사 서술을 시도한 것이다.

번역본이 900페이지 정도로 방대한 양이다. 다 읽어보긴 어렵다. 하지만 테르모필라이 전투 부분은 꼭 읽어보길 권한다. 영화 〈300〉의 배경이다. 헤로도토스는 스파르타의 300명 용사의 이름을 다 알고 있다고 기록했다. 그들 중 일부는 의도적으로 전쟁을 회피해 치욕을 당하기도 한다. 아이와 어떻게 사는 것이 명예로운 것인지에 관해 이야기 나눌 수 있다.

28. 《별》(알퐁스 도데)

황순원의 《소나기》처럼 소년과 소녀의 순수한 사랑 이야기다. 산속의 고요한 정경을 묘사한 부분이 시처럼 아름답다. 주인공 소년과 소녀가 하늘의 별자리에 관해 이야기를 나누는 내용을 바탕으로 아이와 별자리 이야기를 해 볼 수도 있다.

알퐁스 도데의 다른 단편 〈코르뉴 영감의 비밀〉, 〈마지막 수업〉 등도 함께 읽기를 권한다.

29. 《명상록》(마르쿠스 아우렐리우스)

로마 황제이자 스토아학파의 철학자였던 마르쿠스 아우렐리우스의 책이다. 엄격한 자기 절제를 바탕으로 자아 완성을 추구하는 노력과 고민을 엿볼 수 있다.

순서대로 볼 필요 없이 손 가는 대로 넘겨서 명언집을 보듯이 읽기를 권한다. 우주와 인간의 본질에 대한 문제, 자아 완성의 문제에 대해 생각해 볼 수 있다. 좋은 글귀는 따로 메모해서 집안 곳곳에 붙여 놔도 좋다.

30. 《플라톤 대화편》(플라톤)

〈국가론〉, 〈법률〉, 〈소크라테스의 변명〉, 〈크리톤〉, 〈파이돈〉, 〈향연〉 등 플라톤이 소크라테스의 입을 빌려 대화 형식으로 기록한 일련의 저서들을 플라톤의 대화편이라고 한다.

모두 좋은 작품이지만, 우선 〈파이돈〉과 〈소크라테스의 변명〉을 함께 읽어볼 것을 권한다. 소크라테스가 죽음을 앞두고 어떤 말과 행동을 했는지 알 수 있다. 죽음을 두려워하지 않고 담담히 받아들이는 소크라테스의 모습이 인상적이다. 죽음이란 무엇인지, 어떻게 정의하고 받아들여야 할지를 아이와 이야기해 보자.

칼 비테의 행복한 천재 교육법

초판 1쇄 발행 · 2024년 06월 25일

지은이 · 임성훈
펴낸이 · 김승헌
외주 디자인 · 유어텍스트

펴낸곳 · 도서출판 작은우주 | 주소 · 서울특별시 마포구 양화로 73, 6층 MS-8호
출판등록일 · 2014년 7월 15일(제2019-000049호)
전화 · 031-318-5286 | 팩스 · 0303-3445-0808 | 이메일 · book-agit@naver.com
정가 18,800원 | ISBN 979-11-87310-93-8 03590

| 북아지트는 작은우주의 성인단행본 브랜드입니다. |